Amphibien und Reptilien 78–79

Frösche, Kröten und Schlangen brauchen zwar Wärme und Sonne, aber auch genügend Feuchtigkeit. Sie finden rund um Bäche, Teiche und Seen zwischen Dünen und Wäldern geeignete Lebensräume.

Vögel 80–111

Die Ostsee ist ein Paradies für Vogelliebhaber. Das Spektrum reicht von Kormoran, Austernfischer, Kiebitz und Kampfläufer über Brachvogel und Rotschenkel bis zu Mantel- und Heringsmöwe. Im Frühjahr und Herbst lassen sich auch viele Durchzügler aus Skandinavien und Osteuropa beobachten.

Säugetiere 112–113

Dank Naturschutzmaßnahmen nehmen die Bestände von Seehunden und Kegelrobben heute wieder zu. Trotzdem gehört viel Glück dazu, diese beiden faszinierenden Säugetier-Arten bei einem Urlaub zu entdecken.

Spuren & Co. am Strand 114–117

Als Extraseiten finden Sie im Anhang Spuren und Phänomene, die Sie beim Spaziergang an den Stränden im Angespül finden können. Dazu zählen eigenartige Gebilde wie Nixentäschchen und die Eiklumpen der Wellhornschnecke, getrockneter Blasentang und die Früchte des Meerkohls ebenso wie die bekannten Donnerkeile, versteinerte Seeigel und kleine Stückchen vom »Gold der Ostsee«, dem Bernstein.

Die Ostsee

Tiere und Pflanzen

Dirk Schories
Ute Wilhelmsen

KOSMOS

Lebensräume in und an der Ostsee

Seegraswiese
Seegras gehört zu den wenigen Blütenpflanzen, die dem Salzgehalt in Nord- und Ostsee trotzen können. Seegraswiesen bieten vielen Tieren Schutz vor Räubern und dienen als Laichplatz oder Kinderstube.

Muschelbank
Miesmuschelbänke können sich im Meer über Hunderte von Quadratmetern erstrecken. Sie wachsen auch im ganz flachen Wasser. Im Gegensatz zu den Nordseemuscheln werden die deutlich kleineren Miesmuscheln aus der Ostsee kaum vom Menschen gegessen.

Angespül
Dort wo der Strand nicht frühmorgens mechanisch gereinigt wird, lässt das Angespül die Vielfalt des Lebens unter Wasser erahnen. Es birgt zahlreiche Sammlerstücke: Bernstein, Donnerkeile, versteinerte Seeigel sowie verschiedene Schnecken und Muscheln.

Strand
Strände sind nicht nur bei Urlaubern beliebt: Verstreut stehende Strandpflanzen bieten Schutz für bodenbrütende Vögel wie Zwergseeschwalben oder Sandregenpfeifer.

Primärdüne
Die Primärdünen stehen am Anfang der Dünenentwicklung. Sie schließen an den Spülsaum an, werden noch gelegentlich überflutet und sind stark salzhaltig. Nur wenige Spezialisten nutzen diesen extremen Lebensraum. Zu ihnen gehören beispielsweise Salzmiere und Strandroggen.

Weißdüne
Die Weißdünen sind bereits mehrere Meter hoch aufgewachsen, so dass Salz- und Brackwasser die Vegetation nicht mehr bestimmen. Hier bestimmt vor allem der Strandhafer das Bild.

Graudüne
In den älteren geschützten Bereichen der Weißdünen bildet sich eine erste Humusschicht. Hier wächst beispielsweise Silbergras.

Braundüne
In den Braundünen ist die Bodenentwicklung bereits sehr viel weiter fortgeschritten als in den Graudünen. Dort wachsen anspruchsvollere Pflanzen wie Heide und Krähenbeere oder Dünenbüsche wie Sanddorn.

Inhalt

Wie entstand die Ostsee?

Die Ostsee und Lakritz haben eins gemeinsam: den Zustand süß oder salzig. Doch während ein verkaufsfertiges Lakritzbonbon ein für alle Mal in seiner Geschmacksrichtung festgelegt ist, wechselte die Ostsee im Lauf ihrer Geschichte mehrfach von süß nach salzig und zurück.
Angefangen hat alles nach der letzten Eiszeit: Vor etwa 20 000 Jahren war das Gebiet der heutigen Ostsee noch vollständig eisbedeckt. Als das Eis schmolz, begann die erste süße Phase der Ostsee als riesiger Schmelzwassersee, dem Baltischen Eisstausee. Vor etwa 10 000 Jahren hatte sich das Eis dann so weit zurückgezogen, dass salziges Meerwasser aus der Nordsee in das Gebiet der heutigen Ostsee einströmen konnte. Das so genannte Yoldia-Meer entstand und gab Salzliebhabern wie der Muschel *Yoldia arctica* eine neue Heimat. Doch vor etwa 8000 Jahren, hob sich das Land, so dass der salzige Zustrom von der Nordsee versiegte. Regen und einströmendes Flusswasser süßten das Yoldia-Meer allmählich aus. Die Salz liebenden Arten wichen zurück und Süßwasserarten wie die Schnecke *Ancylus fluviatilis* nahmen den nach ihr benannten neu entstehenden Ancylus-See in Besitz. Doch auch diese zweite süße Phase währte nicht ewig: Der Meeresspiegel stieg wieder und vor etwa 4500 Jahren ergossen sich erneut salzige Fluten aus der Nordsee in das Ostseegebiet. Der Ancylus-See versalzte zum Littori-

Wasser, Sand und duftende Kiefernwälder: Die Strände der Ostsee laden zum Baden und Verweilen ein.

Die typischen felsigen Schärenküsten mit ihren Rinnen und Buchten wurden von der Eiszeit geformt – hier die schwedische Küstenlandschaft im Kattegat.

na-Meer, in das Nordseebewohner wie die Strandschnecke *Littorina littorea* einwanderten. Aber auch das Land hob sich weiter, so dass die Verbindung zwischen Nord- und Ostsee allmählich enger wurde. Heute strömt Salzwasser nur noch durch Skagerrak, Kattegat und die schmalen Verbindungen zwischen den dänischen Inseln und dem Festland. Niederschläge und der Zustrom von mehr als 200 Flüssen süßten das Wasser allmählich wieder aus. So entstand die heutige Ostsee: eines der größten Brackwassermeere der Erde.

Was macht die Ostsee so besonders?

Süß – salzig, salzig – süß, dieser Wechsel prägt die Ostsee bis heute. Das Salz stammt immer aus der Nordsee. Daher ist die angrenzende westliche Ostsee vergleichsweise salzreich: An der schleswig-holsteinischen Küste beträgt der Salzgehalt des Ostseewassers immerhin noch 15–18‰, im Vergleich zu 30–34‰ in der Nordsee. Richtung Osten süßt das Wasser immer weiter aus bis auf ca. 5‰ zwischen der schwedischen und finnischen Küste. Doch nicht nur von West nach Ost wechselt das Wasser von salzig nach süß, sondern auch von unten nach oben: Weil Salzwasser schwerer ist als Süßwasser, sind die bis zu 300 m tiefen Becken am Ostseeboden mit salzreichem Tiefenwasser gefüllt, über dem eine Schicht salzärmeren Wassers liegt. Diese Schichtung verhindert den Wasseraustausch. Nur wenn unter bestimmten Wetterbedingungen Schübe von salz- und sauerstoffreichem Nordseewasser in die Ostsee einströmen, werden die Wasserschichten kräftig durchmischt – eine »Vitalkur« für das Tiefenwasser, denn ohne diesen Austausch herrschen dort unten in der Tiefe Sauerstoffmangel und lebensfeindliche Bedingungen.

Ebbe und Flut hingegen sorgen kaum für zusätzliche Wasserbewegung. Denn von der Gezeitenwelle aus dem Atlantik, die in der Nordsee für kräftige Strömungen sorgt, schwappt nur wenig durch den engen Zugang bis in die Ostsee.

Die Tiere und Pflanzen
Salzig oder süß? Diese Frage teilt nicht nur Lakritzliebhaber in zwei Lager. Auch die pflanzlichen und tierischen Ostseebewohner bevorzugen jeweils eine Geschmacksrichtung. Aus dem Westen kommen Salz liebende Einwanderer aus der Nordsee, die teils recht, teils schlecht im Brackwasser der Ostsee überleben. Aus dem Osten kommen aus Flüssen Süßwasserarten, die jedoch empfindlich auf zu viel Salz reagieren und daher nur in den sehr salzarmen nordöstlichen Regionen der Ostsee siedeln.
Viele Meerestiere und -pflanzen sind zwar erfolgreich in die Ostsee eingedrungen, bezahlen jedoch die Eroberung ihres neuen Lebensraumes mit einem eher kümmerlichen Dasein: So sind die Pioniere im Brackwasser in der Regel kleiner als ihre Verwandten im Meer. Die Miesmuschel und der Blasentang beispielsweise sind weit in die ausgesüßten Gebiete der nordöstlichen Ostsee vorgedrungen, wachsen unter diesen Stressbedingungen allerdings nicht zur gewohnten Größe heran. Andere wie die Seesterne können zwar in der westlichen Ostsee überleben, pflanzen sich jedoch im Brackwasser nicht mehr fort, so dass sie auf Nachschub von Larven aus der Nordsee angewiesen sind. Seeigel und viele weitere Arten lösen das Problem des geringen Salzgehalts in der Ostsee, indem sie »abtauchen«, also aus dem salzarmen Oberflächenwasser in Tiefen abwandern, wo der Salzgehalt höher ist.
Auch die Artenzahl vieler mariner Tier- und Pflanzengruppen nimmt in die Ostsee hinein stark ab. Bei Frederikshavn in Dänemark kommen beispielsweise 125 Arten von Rotalgen vor, in den dänischen Belten schrumpft die Artenzahl auf 70, in der Ostsee um Bornholm auf 25 und um die Ålandinseln auf 15. Gleiches gilt auch für die Muscheln, die mit ganzen vier marinen Arten bei den Ålandinseln vertreten sind, während im westlichen Kattegat etwa zehnmal so viele Arten leben.

Welche Lebensräume bietet die Ostseeküste?
Erst salzig, dann süß – so wechseln die Lebensbedingungen an der Ostseeküste, wenn man vom Strand aus landeinwärts wandert. So weit der Einfluss des Meeres reicht, gedeihen nur Pflanzen, die erhöhte Salzkonzentrationen aushalten. Strandpflanzen müssen zusätzlich auch Übersandung erdulden.

Sand und Dünen
An Stränden, die das Meer mit ausreichend Sand versorgt, können sich Dünen bilden: Zunächst weht der Wind kleine Sandhaufen auf und formt die **Primärdünen**. Dort siedeln sich Strandhafer und Strandroggen an und es entstehen bewachsene **Weißdünen**. Landeinwärts schließen sich **Graudü-**

nen an, in denen der helle Sand mit Humus vermischt ist, den die Pflanzen produziert haben. Hier wachsen beispielsweise Silber- und Schillergras. In den **Braundünen** hat sich noch mehr Humus angereichert und bietet den geeigneten Untergrund für Krähenbeere oder Heide, später auch für Dünengebüsche mit Sanddorn oder Kriechweide. In tiefen Dünentälern können sich Seen, Sümpfe oder Moore bilden.

Steine und Steilküsten

Nicht überall laden Sandstrände die Urlauber zum Sonnen und Baden ein: An der Küste von Schleswig-Holstein und Mecklenburg-Vorpommern ragen vielerorts imposante Steilküsten auf. Steile und flache Küstenabschnitte wechseln sich ab, denn die letzte Eiszeit hat der Landschaft ein welliges Relief aufgeprägt. An Steilküsten mit aktiven Kliffen bricht immer wieder Gestein

Bernstein – das Gold der Ostsee

Bernstein ist hart gewordenes, fossiles Harz von Bäumen. Der Name bezieht sich darauf, dass Bernstein brennbar ist (niederdeutsch: Börnsteen = »Brennstein«, daraus wurde Bernstein). Das Harz, aus dem das »Gold der Ostsee« entstand, hat die Bernsteinkiefer (*Pinus succinifera*) vor rund 40–50 Millionen Jahren gebildet. Der Bernsteinwald stand vermutlich in Mittelschweden und Finnland. Von dort wurde der Bernstein dann während der Eiszeiten vor allem durch die großen Flüsse nach Süden transportiert. Die Lagerstätten der südlichen Ostsee sind also Stellen, wo Bernstein aus dem Norden angeschwemmt worden ist.
Manche Bernsteinstücke enthalten als Einschlüsse kleine Tiere, oft Insekten, die einst am Baumharz kleben blieben und in ihm konserviert wurden. Mit Hilfe solcher Stücke kann man die in einem bestimmten Gebiet einst vorhandene Kleintierwelt rekonstruieren.

Boten aus längst vergangener Zeit: Mit etwas Glück findet man an den Ostseestränden Bernstein, der aus dem Harz der Bernstein-Kiefer entstand.

herunter, das von der Brandung zerkleinert wird. Die so entstehenden feinen Teile werden fortspült. Am Fuß der Steilwand bleiben Kies, Geröll und große Gesteinsbrocken zurück. In so einem veränderlichen Lebensraum können nur einjährige krautige Pflanzen siedeln – erst wenn das Kliff zur Ruhe kommt, haben auch Gehölze und Bäume eine Chance.

Bodden und Salzwiesen
Meeresströmungen, Wind und Wellen verändern ständig den Verlauf der Küsten. Wo Sand abgelagert wird, können parallel zur Küste Sandhaken entstehen, die zu Halbinseln anwachsen und ganze Meeresbuchten einschließen. So entstehen die so genannten **Bodden** – flache Gewässer mit wenig Strömung und geringem Salzgehalt. Werden die Buchten völlig vom Meer getrennt, süßen sie nach und nach ganz aus. In den Bodden lebt eine charakteristische Wasserpflanzengesellschaft mit Armleuchteralgen, die dichte »Rasen« unter Wasser bilden können. Am Rande der Bodden dehnen sich Brackwasserröhrichte und **Salzwiesen** aus. Letztere sind eigentlich Salzweiden, die aus den Röhrichten durch Beweidung mit Rindern und Schafen entstanden sind. Dort siedelnde Pflanzen müssen neben Weidevieh auch erhöhte Salzkonzentrationen und zeitweise Überflutung ertragen können.

Zum Umgang mit diesem Buch

Dieses Buch stellt vor allem Tier- und Pflanzenarten vor, die man in Urlaub und Freizeit an der Küste, bei Wanderungen, Exkursionen und beim Schnorcheln finden und beobachten kann. Neben den Pflanzen und Vögeln finden

Donnerkeil & Co.
Versteinerungen findet man an der Ostseeküste relativ häufig – etwa die »Donnerkeile«, die länglichen, vorne zugespitzten Steinen gleichen. Tatsächlich sind es die Fortsätze der inneren Schale (Schulpe) ausgestorbener Tintenfische (Belemniten). Auch andere harte Teile von Tieren wie Schneckenhäuser, Korallen, Muschel- oder Seeigelschalen sind gut fossilisierbar und mit etwas Glück am Strand zu finden.

Faszinierende Funde: Donnerkeile, fossile Seeigel und Bernstein.

Eine Fundstelle für Fossilien und Bernstein an der Steilküste der Insel Rügen. Nach Stürmen ist die Ausbeute besonders reichhaltig.

auch die wichtigsten Vertreter der faszinierenden Unterwasserwelt ihren Platz. Von vielen Gruppen wie Muscheln, Schnecken, Krebsen, Seeigeln oder Seegras und Algen lassen sich zumindest Teile am Strand finden, die von den Wellen angespült wurden.
Die Tiere und Pflanzen sind nach den großen Verwandtschaftsgruppen geordnet. Jede Art wird in einem prägnanten Foto vorgestellt, im Begleittext finden sich die wichtigsten arttypischen Merkmale für die Bestimmung sowie Wissenswertes zu Ökologie, Lebensweise, Gefährdung oder wirtschaftlicher Bedeutung. Für die schnelle Übersicht sind die wichtigsten Stichworte jeweils in einem gelben Kasten zusammengefasst. Außerdem wird für jede Art das Vorkommen in Ost- und Nordsee beschrieben. Nordsee deswegen, weil von dort viele Meerestiere und -pflanzen in das Brackwasser der Ostsee eingewandert sind. Ihre Verbreitungsgrenzen sind sehr unterschiedlich und werden insbesondere von dem Salzgehalt bestimmt. Die verschiedenen Regionen der Ostsee mit den unterschiedlichen Salzgehalten sind in einer Übersichtskarte am Schluss des Buches zusammengestellt.

Die Auswahl der Arten deckt insbesondere den gesamten deutschen Teil der Ostsee ab, also die Küstenregion von Schleswig-Holstein und Mecklenburg-Vorpommern. Dennoch sind viele der vorgestellten Tiere und Pflanzen in einem wesentlich größeren Raum oder sogar im gesamten Gebiet der Ostsee verbreitet.

Büschel-Zweigfadenalge

Cladophora glomerata (oben links)

> büschelig
> erträgt unterschiedliche Salzgehalte

Merkmale 5–25 cm hoch; junge Algen maigrün, ältere dunkler; im Frühjahr büschelförmige Sprossspitzen, die sich im Sommer abnutzen und im September wieder neu wachsen. Mehrere schwer zu unterscheidende Arten. **Vorkommen** In Meeresgebieten mit bis zu 15‰ Salzgehalt, aber auch im Süßwasser. Südliches Kattegat und Ostsee bis zu den Ålandinseln. **Wissenswertes** Teils in dichten Matten am Strand angespült.

Flacher Darmtang

Ulva compressa (oben rechts)

> vielgestaltige Art
> sehr häufig

Merkmale Etwa 10–30 cm lang und 0,2–1 cm breit; kräftig grüne bis dunkelgrüne Alge, unverzweigt oder wenig verzweigt; am Grund rundlich und hohl, nach oben leicht verbreitert und bandartig flach; sehr vielgestaltig. **Vorkommen** Auf Steinen und Holzwerk im Wasser dicht unter der Oberfläche. Im ganzen Ostseegebiet sehr häufig, auch in den Boddengewässern. **Wissenswertes** Beim Zerreiben von spezifischem Geruch.

Blutroter Meerampfer

Delesseria sanguinea (Mitte)

> rosarote Blätter
> wird in Kosmetika verwendet

Merkmale 5–20 cm lang; Blätter leuchtend rosarot gefärbt, am Rand leicht gewellt. Die kräftige Mittelrippe hat feinere Seitenrippen. Der Seeampfer ist eine mehrjährige Pflanze (im Durchschnitt etwa fünf bis sechs Jahre). Während des Winters stirbt die Blattmasse ab, nur die Mittelrippe bleibt bestehen und überwintert. An ihr bilden sich die Fortpflanzungsorgane. Im Winter und Frühjahr wachsen neue Blätter aus den in den Blattrippen gespeicherten Reserven. **Vorkommen** Auf Steinen, Muscheln und auf Algen in 4–20 m Tiefe. Nordsee bis Ostsee um Bornholm. **Wissenswertes** Meerampfer wird in der Kosmetikindustrie wegen des Vitamin-K-Gehalts und seiner die Blutgerinnung hemmenden Wirkung verwendet.

Roter Horntang

Ceramium virgatum (unten)

> gabelig verzweigte Büschel
> Endverzweigungen hornförmig

Merkmale 8–15 cm hoch; regelmäßig gabelig verzweigte Büschel mit zangen- oder hornförmig eingekrümmten Endverzweigungen, hellrot bis braunrot; größere Achsen regelmäßig in knotige Abschnitte gegliedert. **Vorkommen** Auf Steinen, Holzwerk und größeren Algen bis in 20 m Tiefe. Nordsee und Ostsee bis um die Ålandinseln, teilweise auch in den Boddengewässern. Mehrere ähnliche schwer zu unterscheidende Arten im Gebiet. **Wissenswertes** Eine der häufigsten fädigen Rotalgen im Angespül.

Strand-Pylaiella

Pylaiella littoralis (oben)

> watteartige Büschel
> kann massenhaft auftreten

Merkmale 10–30 cm groß; watteartige, fein verzweigte Büschel, hellbraun bis rost- und dunkelbraun; viele haarfeine Ästchen, meist gegenständig verzweigt. **Vorkommen** Auf Steinen, Holz und anderen Algen. An Brandungsküsten und in ruhigeren Gebieten, auch in Boddengewässern. Im Mai und Juni teils in Massen. Nordsee und Ostsee bis um die Ålandinseln. **Wissenswertes** Kommt häufig im Juni treibend und vom Substrat losgerissen vor.

Blasentang

Fucus vesiculosus (Mitte)

> Schwimmblasen
> toleriert unterschiedliche Salzgehalte

Merkmale 0,5–1 m hoch; gabelig verzweigte Büschel, mit Haftscheibe an Untergrund festgewachsen, olivgrün bis gelbbraun; lederartige Blätter mit Mittelrippe und glattem Rand; Schwimmblasen. **Vorkommen** Im Flachwasser auf Steinen. Nordsee und Ostsee bis in den Bottnischen Meerbusen. Wächst im Flachwasser bis maximal 4 m Tiefe auf Steinen und Muscheln, kam vor 50 Jahren bis in 10 m Wassertiefe vor. **Wissenswertes** Bei starker Brandung fehlen die Schwimmblasen, die Alge ist kürzer und schmaler. An geschützten Küsten wächst sie in die Breite, die Schwimmblasen sitzen aufgereiht in zwei oder drei Paaren. Sie breiten den Tang im Wasser aus, so dass er optimal mit Licht und Wasser versorgt wird.

Zuckertang

Laminaria saccharina (unten links)

> Haftkralle
> bandförmiges, gewelltes Blatt
> vielseitig nutzbar

Merkmale 10–30 cm breit, bis 2,5 m lang; mit wurzelähnlichem Haftorgan auf Steinen festgewachsen; kräftiger Stiel, oberer Teil lederartig, wie ein langes Blatt, bandförmig mit gewelltem Rand, gelbbraun. **Vorkommen** In 1–30 m Tiefe, in ruhigen Gewässern. Nordsee bis Ostsee um Bornholm. **Wissenswertes** Nach Stürmen im Spülsaum angeschwemmt. Scheidet Zuckeralkohol aus, der nach dem Eintrocknen als weißliches, süßes Pulver zurückbleibt (Name!). Wird für Geliermittel und Kosmetika genutzt.

Zottige Meersaite

Halosiphon tomentosus (unten rechts)

> behaart, schnurartig
> Kälte liebend

Merkmale 0,1–1 m hoch; unverzweigt, strang- bis schnurartig, dicht mit gelblichen Haaren besetzt, mit Ausnahme der Blattbasis. **Vorkommen** Nur März bis Juni anzutreffen, da sie keine Temperaturen über 18 °C verträgt. Wächst auf Steinen, v. a. an brandungsexponierten Küsten. Nordsee und Ostsee bis um die Ålandinseln. **Wissenswertes** Im Sommer findet man oft die Unbehaarte Meersaite *(Chorda filum)* im flachen Wasser.

Baltische Armleuchteralge

Chara baltica (oben)

> leuchterförmig
> in ruhigen Küstengewässern
> gefährdete Art

Merkmale 5–90 cm hoch; meist kräftige, dunkel- bis mittelgrüne Pflanzen; Stängel mit kleinen Dornen besetzt; kranzförmig angeordnete Seitensprosse aus je 8–10 kurzen Sprosse in Etagen. **Vorkommen** In 0,5–1,5 m Tiefe in ruhigen Küstengebieten. Auf schlickigem Grund oft große, bei Niedrigwasser bis zur Oberfläche reichende Rasen. Einst häufig in der Ostsee und im Kattegat, heute in Schleswig-Holstein vom Aussterben bedroht. **Wissenswertes** Unterste Sprossspitzen werden im Herbst zu mit Stärke gefüllten Knöllchen umgewandelt, die als Überwinterungsorgane dienen.

Teichfaden

Zannichellia palustris (Mitte links)

> flutende Stängel
> Bestäubung unter Wasser

Merkmale 10–50 cm lang; zierlich, Stängel kriechend, im oberen Teil flutend, stark verästelt; Blätter bis 10 cm lang, schmal, mit Blatthäutchen, sitzen oftmals in dreiteiligen Kränzen; Blüten in den Blattachseln, Wasserbestäubung. **Vorkommen** Im Süß- und Brackwasser. An der Ostsee besonders in flachen Küstengewässern. **Wissenswertes** Gilt allgemein als eine Art mit hohen Nährstoffansprüchen.

Meeres-Salde

Ruppia maritima (Mitte rechts)

> fadenförmige Blätter
> gefährdete Art

Merkmale 10–30 cm lang; bis auf die Blütenähre untergetaucht lebend; Stängel fadenförmig; Blätter fadenförmig, am Grunde scheidenartig erweitert; Ähre mit nur zwei reduzierten Blüten; Früchte etwa 3 mm lang, gestielt, zuletzt doldenartig angeordnet. **Vorkommen** An der Ostsee besonders in flachen Küstengewässern. In Schleswig-Holstein stark gefährdet. **Wissenswertes** An *Ruppia* kann der bis daumennagelgroße Pilz *Tetramyxa parasitica* vorkommen.

Echtes Seegras

Zostera marina (unten)

> bildet unterseeische Wiesen
> Laichplatz für Fische

Merkmale 20–120 cm lang; grasähnliche Blütenpflanze, lange, 3–9 mm breite Blätter, an der Spitze abgerundet mit drei bis neun Blattnerven; unscheinbare Blüten in einer flachen Ähre. **Vorkommen** Bildet unterseeische Wiesen auf sandigem und schlammigem Grund. Nordsee und Ostsee bis um die Ålandinseln. Einst bis in 8–10 m Wassertiefe, heute meist nur bis in 6 m Tiefe vorkommend. **Wissenswertes** Seegraswiesen beherbergen eine vielfältige Tierwelt und sind ein wichtiger Laichplatz für Fische. V. a. im Herbst werden große Mengen Seegras an die Küste gespült. Die getrockneten Pflanzen werden örtlich als Isoliermaterial verwendet.

Sand-Segge

Carex arenaria (oben)

> dreikantige Stängel
> in Dünen
> Pionierpflanze auf Sand

Merkmale Riedgrasgewächse *(Cyperaceae)*. 15–40 cm hoch; weit reichende Rhizome (z.T. viele Meter lang), daher rasenartiger Wuchs; deutlich dreikantige Stängel; schmale, raue, oft eingerollte Blätter; Blütenstand mit zahlreichen büscheligen, gelblich braunen Ährchen. **Vorkommen** Weit verbreitet in Weiß- und Graudünen, aber auch in sandigen Heiden und Kiefernwäldern. Kommt auch im Binnenland vor. **Wissenswertes** Pionierpflanze auf offenen, ruhenden Sandstellen.

Einspelzige Sumpfsimse

Eleocharis uniglumis (Mitte)

> Ährchen mit nur einer Hüllspelze
> auf nassen Standorten

Merkmale Riedgrasgewächse *(Cyperaceae)*. 5–40 cm hoch; Blätter derb, ungestreift, Stängel meist glänzend, grasgrün, untere Blattscheiden gelb oder rotbraun; Ährchen länglich, spitz, nur mit einer blütenlosen Hüllspelze, Spelze 4–5 mm lang, in vier bis sechs Schrägreihen; bildet Ausläufer. Mehrjährig, blüht von Mai bis August. **Vorkommen** Großseggenriede, Gräben, Wiesensenken, an Wegen auf basenreichen, nassen, auch salzhaltigen Flachmoortorf- und Schlickböden. **Wissenswertes** Hat lange unterirdische Ausläufer, wächst jedoch büschelig.

Salz- oder Bodden-Binse

Juncus gerardii (unten links)

> wächst rasenartig
> auf salzigen Böden

Merkmale Binsengewächse *(Juncaceae)*. 15–50 cm hoch; rasenartig wachsende Pflanze; Stängel aufrecht, stielrund, mit einem schmalen, rinnenförmigen Blatt in der Mitte; Blütenstand mit mehr oder weniger starren, aufrechten Ästen, unterstes Hüllblatt deutlich länger als der Blütenstand; Blüten mit rot- bis dunkelbraunen Hüllblättern. Mehrjährig, blüht von Juni bis Juli. **Vorkommen** An der ganzen Nord- und Ostseeküste, auf Salzwiesen und Uferrasen, auf salzhaltigem Sandstrand. **Wissenswertes** Rhizom verläuft mehr oder weniger horizontal.

Rohr-Fuchsschwanz

Alopecurus arundinaceus (unten rechts)

> blaugrün bereift
> walzenförmige Ährenrispe

Merkmale Süßgräser *(Poaceae)*. 0,6–1 m hoch; blaugrün bereift, Halme meist aufrecht; Rhizom nicht verdickt, kriechend, bis über 20 cm lang; Ährenrispe walzig stumpf, Ährchen zu vier bis sechs; Hüllspelze auf ein Drittel verwachsen, spitz, am nicht geflügelten Kiel lang bewimpert; Granne in oder über der Deckspelze eingefügt. Mehrjährig, blüht von Mai bis Juni. **Vorkommen** Nord- und Ostseeküste, auf Salzwiesen. **Wissenswertes** Brackwasser-Art mit östlichem Verbreitungsschwerpunkt.

Strandhafer, Helm

Ammophila arenaria (oben links)

> Blätter meist eingerollt
> festigt Dünen

Merkmale Süßgräser *(Poaceae)*. 60–100 cm hoch; büschelartiges, graugrünes Gras, mit sehr tief reichenden, reich verzweigten Wurzeln; Stängel steif aufrecht; Blätter schmal, um 3 mm breit, meist eingerollt, Oberseite gerieft, Unterseite glatt; Ährenrispe vielblütig, stark zusammengezogen, hell strohgelb, Einzelblüten klein. Mehrjährig, blüht von Juni bis Juli. **Vorkommen** Überall an der Nord- und Ostseeküste. Pionierpflanze auf Weißdünen. **Wissenswertes** Sehr übersandungsfest, daher oft zur Dünenbefestigung und als Sandfänger angepflanzt.

Silbergras

Corynephorus canescens (oben rechts)

> steife graugrüne Blätter
> silbergraue Rispen

Merkmale Süßgräser *(Poaceae)*. 15–30 cm hoch; Gras mit ziemlich steifen, graugrünen Blättern, wächst in kräftigen Horsten oder dichten Rasen; Blattscheiden rosarot bis purpurn; Rispe vor und nach der Blüte zusammengezogen, silbergrau, Ährchen klein, zweiblütig. Mehrjährig, blüht von Juni bis Juli. **Vorkommen** Häufiges Pioniergras auf vegetationslosen, wenig bewegten Sandflächen. In Graudünen, trockenen Kiefernwäldern, auf Sandtrockenrasen. **Wissenswertes** Das Silbergras erträgt im Sommer Sandtemperaturen von 60 °C und benutzt seine aufrechten Blattbüschel, um Tau- und Regenwasser zu den Wurzeln zu leiten. Die gerollten Blätter schützen zusätzlich gegen Wasserverlust.

Strandroggen, Blauer Helm

Elymus arenarius (unten links)

> blaugrünes Gras
> Blattoberseiten stark gerieft
> in Dünen

Merkmale Süßgräser *(Poaceae)*. 60–120 cm hoch; blaugrüne Pflanzen mit langen unterirdischen Ausläufern und oft sperrigem Wuchs; Blätter steif, bis 1,5 cm breit, stechend; bei Trockenheit eingerollt (Verdunstungsschutz), Oberseite stark gerieft; Blüten in zylindrischen, weißlichen Ähren, bis 30 cm lang und 2 cm dick. Mehrjährig, blüht von Juni bis August. **Vorkommen** An den Küsten von Ost- und Nordsee. Von der Spülsaumgrenze bis in die Weißdünen. **Wissenswertes** Verträgt Übersandung weniger als der Strandhafer, daher seltener in Dünenbefestigungen zu finden.

Baltischer Bastard-Strandhafer

Calammophila baltica (unten rechts)

> in Dünen
> Bastard aus Strandhafer und Reitgras

Merkmale Süßgräser *(Poaceae)*. 60–130 cm hoch; Ährenrispe locker, gelappt, bräunlich bis violett. Mehrjährig, blüht von Juni bis Juli. **Vorkommen** Entkalkte Weißdünen. **Wissenswertes** Bastard aus Strandhafer und Land-Reitgras.

Queller

Salicornia europaea (oben links)

> Stängel fleischig, gegliedert
> winzige Blätter
> Pionier in Verlandungszonen

Merkmale Bleiwurzgewächse *(Plumbaginaceae)*. 5–30 cm hoch; Stängel liegend oder aufrecht, kandelaberartig verzweigt, kahl, glasig-fleischig, mit gegliederten Abschnitten, dunkelgrün oder gelblich bis purpurrot (v.a. im Herbst); Blätter zu winzigen Schuppen rückgebildet; Blüten unscheinbar. Einjährig, blüht von August bis Oktober. **Vorkommen** Nordsee und Ostsee, v. a. im westlichen Teil; Pionierpflanze der Verlandungszone; Charakterpflanze in Wattgebieten. **Wissenswertes** Gedeiht am besten bei 25–30‰ Salzgehalt, kümmert bei geringerem Salzgehalt.

Flügelsamige Schuppenmiere

Spergularia maritima (oben rechts)

> weiß-rosa Blüten
> sehr unempfindlich gegen Salz

Merkmale Nelkengewächse *(Caryophyllaceae)*. 5–40 cm hoch; Blüten 8–12 mm breit; Kronblätter blassrosa, zum Grund hin weiß. Mehrjährig, blüht von Juli bis September. **Vorkommen** Nord- und Ostseeküste; nasse, stark salzhaltige Schlick- und Sandböden. **Wissenswertes** Kaum eine andere heimische Pflanze ist so unempfindlich gegen Salz wie diese. Deshalb kommt sie an Stellen mit sehr hohem Salzgehalt vor.

Strand-Salzmiere

Honckenya peploides (Mitte)

> Blätter fleischig, glänzend
> häufig auf feuchtem Sand

Merkmale Nelkengewächse *(Caryophyllaceae)*. 10–20 cm hoch; unterirdische Sprossachsen, Stängel aufsteigend, dicht beblättert; Blätter dick, fleischig, glänzend, meist gelbgrün, vorne spitz; Blüten einzeln, in den Blattachseln, Kronblätter weißlich; die Frucht ist eine fast kugelige Kapsel, die sich dreiklappig öffnet. Mehrjährig, blüht von Juni bis Juli. **Vorkommen** Kennzeichnende Art der Spülsäume und Vordünen, bildet manchmal Primärdünen. Sehr häufig auf feuchtem Sand. **Wissenswertes** Die fleischigen Blätter schützen sie gut gegen Sandverwehungen, Trockenheit und Salzstress. Die Pflanze bildet schwimmfähige Kapselfrüchte aus.

Meerkohl

Crambe maritima (unten)

> Blätter kohlartig
> weiße Blüten
> geschützt

Merkmale Kreuzblütlergewächse *(Brassicaceae)*. 30–70 cm hoch; aufrechte Stängel; Blätter groß, kohlartig, fleischig, blaugrün bereift, am Rande wellig; Blüten weiß, sehr zahlreich in ausgebreiteten Rispen; die Frucht ist eine lang gestielte, birnenförmige Schote. Mehrjährig, blüht von Mai bis Juli. **Vorkommen** Im Spülsaum von groben Kies- oder Geröllstränden, gelegentlich auf Vordünen. **Wissenswertes** Trägt im Herbst dekorative Fruchtstände (s. S. 114). Geschützt.

Meersenf

Cakile maritima (oben links)

> Blätter fleischig
> oft massenhaft auf Sand

Merkmale Kreuzblütlergewächse *(Brassicaceae)*. 10–50 cm hoch; kahle, graugrüne Stängel; Blätter fleischig, fiederteilig oder ungeteilt; Blüten mit großen, weißen oder violetten Kronblättern, zu mehreren in Blütenständen; die Frucht ist eine zweigliedrige Schote. Einjährig, blüht von Juli bis Oktober. **Vorkommen** Kennart der Spülsäume und Strände (salzige Sandböden). **Wissenswertes** Der Meersenf bildet oft massenhafte Bestände.

Scharfer Mauerpfeffer

Sedum acre (oben rechts)

> kleine, fleischige Blätter
> schmeckt scharf

Merkmale Dickblattgewächse (*Crassulaceae*). 5–15 cm hoch; Sprosse z.T. unterirdisch kriechend, verzweigt, Zweige aufsteigend, dicht beblättert; Blätter klein, fleischig, schmecken scharf; Blütenstängel locker beblättert, Blüten mit fünf sternförmig abstehenden goldgelben Kronblättern. Mehrjährig, blüht von Juni bis Juli. **Vorkommen** In Graudünen, verbreitet bis häufig; auch auf Sandtrockenrasen und an Deichen. **Wissenswertes** Mauerpfeffer enthält giftige Alkaloide, die Reizungen der Schleimhäute, Krämpfe sowie Lähmungen bis zum Atemstillstand auslösen können.

Kartoffelrose, Runzelrose

Rosa rugosa (Mitte)

> stachelig
> Hagebutten
> eingeschleppte Art

Merkmale Rosengewächse *(Rosaceae)*. 50–200 cm hoch; kräftige Zweige, dicht mit geraden, langen Stacheln besetzt; Blätter dunkelgrün, Oberseite leicht glänzend; Blüten meist einzeln, 7–8 cm breit, mit rosaroten bis weißen, am Vorderrand leicht herzförmig ausgerandeten Kronblättern; Früchte große, kugelige Hagebutten. Mehrjährig, blüht von Mai bis Juni. **Vorkommen** Stammt aus Ostasien, ist aber schon lange an der Nord- und Ostsee angepflanzt und vielfach verwildert. **Wissenswertes** Der Name »rugosa« bedeutet »runzelig« und bezieht sich auf die starken Blattadern.

Gänsefingerkraut

Potentilla anserina (unten)

> lange Ausläufer
> gelbe Blüten auf langen Stielen

Merkmale Rosengewächse *(Rosaceae)*. 15–30 cm hoch; grundständige Blattrosette, lange Ausläufer; Blätter vielpaarig gefiedert, mit kleinen Zwischenfiedern, seidenhaarig; Blättchen gezähnt; Blüten meist einzeln, auf langen, den Stängelknoten entspringenden Stielen, goldgelb; sehr vielgestaltig. Mehrjährig, blüht von Mai bis August. **Vorkommen** Nord- und Ostsee. An der Küste vom Spülsaum bis zu den Strandwiesen, in Dünen; auch im Binnenland häufig. **Wissenswertes** Das Kraut wird wegen des Gerbstoffgehalts bei leichten Durchfällen als Heilpflanze verwendet.

Gemeiner Hornklee

Lotus corniculatus (oben)

> goldgelbe Blütenköpfe
> Fiederblättchen

Merkmale Schmetterlingsblütler *(Fabaceae)*. 5–30 cm hoch; aufrechte, liegende oder aufsteigende Stängel; Fiederblättchen verkehrt-oval, vorne rundlich oder mit kurzer Spitze; Blüten zu mehreren in doldigen Köpfchen, Krone goldgelb, oft mit weißlicher, rötlicher oder roter Schiffchenspitze. Mehrjährig, blüht von Juni bis August. **Vorkommen** An der Küste in Weißdünen bis Graudünen und in der Heide. Auf Wiesen und Halbtrockenrasen. **Wissenswertes** Wird auch als Futterpflanze und Bienenweide genutzt.

Salzhornklee

Lotus tenuis (Mitte)

> Blätter dreiteilig
> in Salzwiesen

Merkmale Schmetterlingsblütler *(Fabaceae)*. 20–60 cm hoch; bildet kleine Horste; Stängel liegend, zum Teil aufrecht, oft verzweigt, meist kahl; Blätter dreiteilig, mit einem gleich großen Nebenblattpaar am Grund, Blättchen schmal, dicklich; Blütenstände mit mehreren leuchtend gelben Blüten. Mehrjährig, blüht von Juni bis August. **Vorkommen** Feuchte Salzwiesen. **Wissenswertes** Sehr salztolerant, Blüten verfärben sich im Alter rötlich.

Strand-Platterbse

Lathyrus maritimus (unten links)

> kletternd oder liegend
> purpurviolette Blüten
> geschützt

Merkmale Schmetterlingsblütler *(Fabaceae)*. 15–50 cm lang; Stängel liegend, nur wenige aufrecht oder kletternd; Blätter graugrün mit verzweigten Ranken, zwei- bis vierpaarig gefiedert und mit großen, pfeilförmigen, fiederblättchenartigen Nebenblättern am Grund; Blüten mit purpurvioletter Fahne und bläulichem Schiffchen; Frucht 4–5 cm lange Hülse, reif rotbraun bis braun. Mehrjährig, blüht von Juni bis August. **Vorkommen** An den Küsten der Nord- und Ostsee. In Weißdünen im Saum von Strandhafer oder Strandroggen. **Wissenwertes** Die Pflanze klettert mit ihren Ranken an den Halmen von Gräsern empor. Geschützt.

Gemeiner Reiherschnabel

Erodium cicutarium (unten rechts)

> Früchte mit typischem Schnabel
> rosa-purpurne Blüten

Merkmale Storchschnabelgewächse *(Geraniaceae)*. 5–50 cm lang; meist liegende oder aufsteigende Stängel, Blätter unpaarig gefiedert, leicht rauhaarig, etwas drüsig behaart. Fiederblättchen ihrerseits fiederteilig; fünf rosa-purpurne schmale Kronblätter, Blüten in doldigen Blütenständen; Früchte mit langem Schnabel. Ein- bis zweijährig, blüht von Mai bis September. **Vorkommen** In den Dünen, auch im Binnenland auf Kulturböden. **Wissenswertes** Den Namen trägt die Pflanze wegen der bis 4 cm langen Grannen der Früchte, die einem langen Vogelschnabel ähneln.

Sanddorn

Hippophae rhamnoides (oben)

> dorniger Strauch
> Früchte reich an Vitamin C
> in Dünen

Merkmale Ölweidengewächse *(Elaeagnaceae)*. 1–4 m hoch; dorniger Strauch oder kleiner Baum, junge Zweige silbergrau, ältere dunkelrotbraun; Blätter schmal, Oberseite dunkelgrün, Unterseite silbrigweiß; Blüten in kurzen Ähren, gelblich; Früchte eiförmig, orangerot, seltener gelb. Mehrjährig, blüht von März bis Mai. **Vorkommen** In den Dünengebieten der Nord- und Ostseeküste. Oft angepflanzt. **Wissenswertes** Die Früchte sind sehr Vitamin-C-reich und werden zu Saft und Marmelade verarbeitet.

Krähenbeere

Empetrum nigrum (Mitte)

> nadelartige Blätter
> Beeren schwarz

Merkmale Krähenbeerengewächse *(Empetraceae)*. 15–45 cm hoch; bildet oft runde Polster; Blätter nadelartig, dunkelgrün, glänzend; Blüten unscheinbar, rosa oder purpurn, in den Blattachseln; Beeren kugelig, schwarz glänzend. Mehrjährig, blüht von April bis Mai. **Vorkommen** An der Küste in Grau- und Braundünen, Heidegesellschaften. **Wissenswertes** In Skandinavien und Grönland werden die Beeren als Kompott gegessen. Sie enthalten doppelt so viel Vitamin C wie Blaubeeren. Obwohl die Pflanze Andrometoxin enthält, rechnet man sie nicht zu den Giftpflanzen.

Strand-Distel

Eryngium maritimum (unten links)

> Blätter stachelig
> violette Blüten
> gefährdet

Merkmale Doldengewächse *(Apiaceae)*. 20–60 cm hoch; oft halbkugeliger Busch, blass- oder blaugrün; Blätter steif, stachelig, Grundblätter deutlich gestielt, Stängelblätter umfassen den Stängel; Blüten in Köpfen, von Hochblättern umgeben. Zwei- bis mehrjährig, blüht von Juni bis August. **Vorkommen** In Weißdünen. Selten und vielerorts fast ausgerottet. **Wissenswertes** Ist auch unter den Namen Seemannstreu, Meerstrands-Mannstreu oder Meerwurzel bekannt. Die Sprosse galten früher als Delikatesse. Man aß sie wie Spargel. Streng geschützt.

Strand-Milchkraut

Glaux maritima (unten rechts)

> fleischige Blätter
> in Salzwiesen

Merkmale Primelgewächse *(Primulaceae)*. 3–20 cm lang; Stängel liegend, dicht beblättert; Blätter klein, dicklich, dunkelgrün, oval, ganzrandig, Oberseite glänzend; Blüten klein, in den Blattachseln, Kronblätter fehlen, Kelchblätter bilden weiße oder rosa Blütenhülle. Mehrjährig, blüht von Mai bis August. **Vorkommen** Weit verbreitet in den Salzwiesen der Nord- und Ostsee. **Wissenswertes** Charakteristisch für feuchte, schwach versalzte Böden. Durch Drüsen an den Blatträndern wird überschüssiges Salz abgeschieden.

Strandflieder

Limonium vulgare (oben links)

> Flieder der Salzwiesen
> geschützt

Merkmale Bleiwurzgewächse *(Plumbaginaceae)*. 20–50 cm hoch; grundständige Blattrosette; ästiger, aufrechter Stängel; Blätter derb, verkehrtoval, ganzrandig, mit Stachelspitze; Blüten violett bis blassblau, seltener weiß, in Doldenrispen. Mehrjährig, blüht von August bis September. **Vorkommen** Nordsee und westliche Ostsee. In Salzwiesen. **Wissenswertes** Durch Pflücken mancherorts selten geworden. Geschützt.

Grasnelke

Armeria maritima (oben rechts)

> rosa Blüten
> in Salzwiesen
> geschützt

Merkmale Bleiwurzgewächse *(Plumbaginaceae)*. 5–40 cm hoch; ungeteilte, ganzrandige grasartige Blätter in grundständigen Rosetten oder Polstern; Blüten rosa oder purpurfarben, manchmal auch weißlich, in lockeren Köpfen. Mehrjährig, blüht von Mai bis November. **Vorkommen** Zerstreut bis bestandsbildend auf Salzwiesen der Nordseeregion, im Bereich der Ostsee seltener. Verbreitete Art in den Salzwiesen. **Wissenswertes** Blattdrüsen scheiden Salze aus. Die Grasnelke ist eine Charakterpflanze sonniger Trockenrasengesellschaften, ist aber auch an Autobahnen häufig zu finden. Sie wurde früher als Mittel gegen Epilepsie verwendet. Geschützt.

Sandköpfchen

Jasione montana (unten links)

> violette Blütenköpfe
> auf Sandböden

Merkmale Glockenblumengewächse *(Campanula-ceae)*. 10–40 cm hoch, Stängel liegend oder aufrecht, einfach oder ästig; Blätter schmal-lanzettförmig, ganzrandig; Blüten in einem 2 cm breiten Köpfchen, violettblau, selten rötlich oder fast weiß. Einjährig überwinternde bis zweijährige Art, blüht von Juni bis August. **Vorkommen** In den Graudünen der Nord- und Ostseeküste, in Dünenkiefernwäldern, auf Sandtrockenrasen. **Wissenswertes** Das Sandköpfchen hat viele deutsche Namen: Bergnelke, Schaf-Skabiose oder Berg-Sandglöckchen.

Strand-Wegerich

Plantago maritima (unten rechts)

> auf salzigen Standorten
> essbar

Merkmale Wegerichgewächse *(Plantaginaceae)*. 5–10 cm hoch; Blätter in grundständiger Rosette, graugrün, schmal-linealisch; Blüten grünlich braun, in einer Ähre auf 10–40 cm hohem Schaft. Mehrjährig, blüht von Juni bis Oktober. **Vorkommen** An der Nordsee; an der Ostsee bis zur Weichsel. Auch auf salzhaltigen Stellen im Binnenland. **Wissenswertes** Vor allem die Blätter junger Pflanzen werden als »Suddenkohl« gegessen, die älterer Exemplare sind nur nach sehr langem Kochen genießbar.

Stranddreizack

Triglochin maritimum (oben links)

> wächst auf Salzwiesen
> riecht nach Chlor

Merkmale Dreizackgewächse *(Juncaginaceae)*. 15–60 cm hoch; Salzpflanze, bildet einzelne Horste, mitunter auch rasenartige Bestände; Blätter schmal-linealisch, fleischig, Oberseite rinnig; Blüten gestielt, zahlreich in dichten Trauben, unscheinbar, grün; Frucht eiförmig, aus sechs Teilfrüchten bestehend. Mehrjährig, blüht von Juni bis August. **Vorkommen** An Nord- und Ostsee, Salzwiesen der Küstenregion. **Wissenswertes** Die Pflanze riecht beim Zerreiben sehr unangenehm nach Chlor.

Geruchlose Kamille

Matricaria inodora (oben rechts)

> duftet nicht
> an Spülsäumen und Wegrändern

Merkmale Korbblütlergewächse *(Asteraceae)*. 10–45 cm hoch; Stängel aufrecht, erst oben verzweigt, Scheibenblüten gelb, Strahlenblüten weiß; bis 2 cm Durchmesser; Kopfboden markerfüllt; nicht aromatisch. Ein- bis zweijährig, blüht von Juni bis Oktober. **Vorkommen** Strand-Spülsäume, frische bis mäßig trockene Ruderalstellen, Unkrautfluren, Wege, Äcker. **Wissenswertes** Enthält im Gegensatz zur echten Kamille kaum ätherische Öle.

Strand-Aster

Aster tripolium (Mitte)

> Blüten gelb und violett
> auf Salzwiesen

Merkmale Korbblütlergewächse *(Asteraceae)*. 15–60 cm hoch; aufrechter Stängel, beblättert, oft rot überlaufen, Blätter ungeteilt, ganzrandig, dicklich, länglich-oval bis lanzettförmig; Blütenköpfchen in lockerer Doldentraube, Scheibenblüten gelb, Strahlblüten lilablau, seltener fast weiß. Zweijährig, blüht von Juli bis September. **Vorkommen** An Nord- und Ostsee, außerdem an Binnensalzstellen. Verbreitet auf Salzwiesen, an Priel- und Grabenrändern, in Strandröhrichten. **Wissenswertes** Auf beweideten Salzwiesen oft sehr kurz und dadurch fast unkenntlich.

Wiesenalant

Inula britannica (unten)

> Stängel behaart
> gelbe Blüten

Merkmale Korbblütlergewächse *(Asteraceae)*. 25–60 cm hoch; Staude, Stängel seidenhaarig, Blätter lanzettförmig, an der Unterseite seidenhaarig, Hüllblätter lineal, zurückgekrümmt; Blütenstand mit leuchtend gelben Scheiben- und Strahlenblüten, Köpfe 2–5 cm breit, einzeln oder in zwei- bis vierköpfigen Schirmtrauben. Mehrjährig, blüht von Juli bis September. **Vorkommen** Feuchte Wiesen, Gräben, Ufer, Wegränder, verträgt Salz. **Wissenswertes** Toleriert in einem weiten Bereich schwankende Feuchtigkeitsverhältnisse im Boden, wächst an schwach salzhaltigen Stellen.

Filzige Pestwurz

Petasites spurius (oben links)

> Blütensprosse weiß, wollig
> erscheinen vor den Blättern

Merkmale Korbblütlergewächse *(Asteraceae)*. 10–30 cm hoch; kriechender Wurzelstock, weiß-flockig-wollige Blütensprosse, die vor den Blättern im April erscheinen, Blüten weißlich bis hellgelb; Blätter lang gestielt, breit dreieckig, Unterseite weißfilzig. Mehrjährig, blüht im April. **Vorkommen** V.a. in älteren Weißdünen, an sandigen Ufern. **Wissenswertes** Der Name Pestwurz entstand im Mittelalter. Man glaubte, dass der starke, unangenehme Geruch der Pflanze die Pest austreiben könnte.

Tataren-Lattich

Lactuca tatarica (oben rechts)

> violette Blüten
> eingeschleppt

Merkmale Korbblütlergewächse *(Asteraceae)*. 30–80 cm hoch; blaugrüne Pflanze mit aufrechtem Stängel; Blütenköpfe mit blauvioletten Strahlblüten. Mehrjährig, blüht von Juli bis August. **Vorkommen** Südosteuropäisch-asiatische Steppenpflanze; besiedelte seit etwa 1900 die nordeuropäischen Küsten. Vor allem auf älteren Spülsäumen, bis in die Weißdünen. **Wissenswertes** Wurde in der Naturheilkunde gegen Durchfall und Hämorrhoiden eingesetzt. Vorsicht: wirkt narkotisierend!

Huflattich

Tussilago farfara (unten links)

> behaarte Staude
> gelbe Blüten
> wächst an Steilküsten

Merkmale Korbblütlergewächse *(Asteraceae)*. 10–35 cm hoch; behaart; Grundblätter rundlich-herzförmig, spitzzähnig, Unterseite weißfilzig, erscheinen nach den Blüten; Strahlenblüten und Röhrenblüten gelb; Stiel des Blütenstands mit rötlichen Schuppenblättern besetzt. Mehrjährig, blüht von März bis April. **Vorkommen** Frische bis feuchte Ruderalstellen, v. a. Steilküsten. **Wissenswertes** Huflattichblätter als Bestandteil von Brust- und Hustentees oder Fertigarzneimitteln haben wegen des Gehalts an toxischen Alkaloiden heute ihre Bedeutung verloren. Die Alkaloide sind in größeren Mengen u. a. leberschädigend und krebserregend.

Braunroter Sitter

Epipactis atrorubens (unten rechts)

> purpurviolette Blüten
> Vanille-Duft

Merkmale Knabenkrautgewächse *(Orchidaceae)*. 20–60 cm hoch; Stängel aufrecht, besonders im oberen Teil weiße Haare, oft dunkelrot überlaufen; Blätter parallelnervig, länglich, zugespitzt; Blüten purpurviolett bis rotbraun, in lockerer Ähre, duften nach Vanille. Mehrjährig, blüht von Juli bis August. **Vorkommen** An der Küste in Graudünen und Dünenwäldern. **Wissenswertes** Im Binnenland an Kalkschotterhängen. Durch Rehverbiss kommt oft nur ein kleiner Prozentsatz zur Blüte. Geschützt.

Geweihschwamm

Haliclona oculata (oben)

> weiche, verzweigte Äste
> häufig im Angespül

Merkmale Bis 20 cm hoch; gelbbraun bis rötlich mit runden bis leicht abgeflachten, recht weichen Ästen, die Verzweigungen nehmen zu den Spitzen hin allmählich ab; die Ausströmöffnungen befinden sich nur auf den Seiten der Äste, häufig direkt untereinander. **Vorkommen** Nordsee bis westliche Ostsee bis 100 m Tiefe. Auf Steinen und an Hafenmolen, wird oft am Strand angespült. **Wissenswertes** Der Schwamm fasst sich eher weich und elastisch als zerbrechlich an.

Brotschwamm

Halichondria panicea (Mitte)

> sehr vielgestaltig
> angespülte Stücke mit brotkrümelartiger Struktur

Merkmale Sehr unregelmäßige Form; gelblich, bräunlich oder grünlich, kann große Flächen bedecken; bildet je nach Standort ungleichmäßige Klumpen oder flache Krusten; große Ausströmöffnungen auf kleinen Erhebungen; Kieselnadeln lang und leicht gebogen. **Vorkommen** Nordsee bis westliche Ostsee. Vom Flachwasser an auf Steinen, Pfählen, Muscheln, Tangen. **Wissenswertes** Am Strand angespülte, ausgetrocknete Exemplare sind weißlich und haben eine brotkrümelartige Struktur.

Röhrenkalkschwamm

Leucosolenia botryoides (unten links)

> bildet Kolonien
> weißliche, dünne Äste

Merkmale Bis 5 cm hoch; verzweigt in Kolonien lebend, weißlich bis graugelb; Ausströmöffnungen an der Spitze der 1–2 mm dünnen Ästchen. **Vorkommen** Nordsee bis westliche Ostsee. Auf Steinen und Algen, häufig auf Blasentang. **Wissenswertes** Die Art ist leicht mit der ähnlichen Art *Clathrina coriacea* zu verwechseln, die ebenfalls in der Kieler Bucht vorkommt.

Süßwasserschwamm

Ephydatia fluviatilis (unten rechts)

> vielgestaltig
> in Süß- und Brackwasser

Merkmale Klumpen mit bis zu 30 cm Durchmesser oder bis zu 70 cm lange Krusten; bräunlich, gelblich bis schmutzig weiß; ab Spätsommer mit weißlichen bis bräunlichen Fortpflanzungskörpern von Stecknadelkopfgröße; im flachen Wasser kann der Schwamm aufgrund von Mikroalgen grünlich erscheinen. **Vorkommen** Vom Nord-Ostsee-Kanal bis zum Finnischen Meerbusen nachgewiesen. Süßwasserschwamm; im Süßwasser fast in ganz Europa vertreten. Verbreitet im Brackwasser von Flussunterläufen auf Pfählen oder Steinen. **Wissenswertes** *Ephydatia fluviatilis* ist ein getrenntgeschlechtlicher Schwamm.

Keulenpolyp

Clava multicornis (oben)

> keulenförmige Köpfchen
> häufig auf Blasentang

Merkmale Einzeltiere bis 1 cm hoch; weiß bis hellrot, bilden büschelige, unverzweigte Kolonien; Köpfchen keulenförmig, mit lang ausgezogenen Tentakeln, darunter sitzen die beim Männchen roten, beim Weibchen blauen, traubenförmigen Geschlechtsorgane. **Vorkommen** Nordsee bis westliche Ostsee. Oft auf Blasentang, auch an Pfählen und Muschelschalen. **Wissenswertes** Fangen mit den Tentakeln schwebende Partikel und Plankton aus dem Wasser. Aus den Geschlechtsknospen schlüpfen Wimpernlarven, die zu neuen Polypen heranwachsen. Außerdem ungeschlechtliche Vermehrung durch Abschnürung von Polypen.

Zwergmoos

Dynamena pumila (Mitte)

> Stämmchen mit Ausläufern verbunden
> oft auf Sägetang

Merkmale Bis 5 cm hoch; aufrechte Kolonien, hell- bis dunkelbraun; kriechende Ausläufer verbinden die einzelnen nur wenig verzweigten Stämmchen; je zwei Einzelpolypen stehen einander gegenüber, jeder mit einer eigenen Kammer, in die er sich bei Gefahr vollständig zurückziehen kann; Geschlechtsknospen von eiförmiger Kapsel umschlossen. **Vorkommen** Nordsee bis westliche Ostsee. Auf Algen, vor allem auf Sägetang. **Wissenswertes** Aus der Geschlechtsknospe schlüpfen kleine Wimpernlarven, aus denen sich wieder Polypenstöcke bilden.

Einfacher Röhrenpolyp

Tubularia larynx (unten links)

> Polypen mit roten Köpfen
> nur in salzreicheren Gebieten

Merkmale Bis zu 10 cm hoch; Kolonien mit roten Polypenköpfen, der dünne verzweigte Stiel ist von einer gelbbraunen Hülle mit unregelmäßigen Einschnürungen umgeben; polypenähnliche Larven. **Vorkommen** Nordsee, nördliche dänische Belte und Öresund. Auf Braunalgen, Steinen, an Pfählen. **Wissenswertes** Die Polypenköpfchen werden im Sommer oft von der Nacktschnecke *Facelina bostoniensis* abgefressen.

Knieender Glockenpolyp

Obelia geniculata (unten rechts)

> farblose Stämmchen
> frei schwimmende Medusen

Merkmale Bis 4 cm hoch; Stämmchen schwach verzweigt, zickzackförmig, farblos, entspringen an langen Ausläufern; die Geschlechtszellen werden in langen, zylindrischen Chitinhülsen gebildet und entwickeln sich zu bis zu 5 mm breiten frei schwimmenden Medusen. **Vorkommen** Nordsee bis mittlere Ostsee. Auf Algen, besonders auf Blasentang. **Wissenswertes** Die Medusen dieser Tiere , die so genannten Hydromedusen, entstehen ungeschlechtlich durch Knospung an einem Polypenstöckchen.

Ohrenqualle

Aurelia aurita (oben)

> durchsichtiger Schirm
> vier ringförmige Geschlechtsorgane
> nesselt nicht

Merkmale Durchmesser bis zu 40 cm; Schirm flach, durchsichtig, vier ringförmige Geschlechtsorgane sind durch den Schirm sichtbar, beim Männchen weiß, beim Weibchen rot bis violett; Schirmrand mit zahlreichen Tentakeln; Mund auf der Schirmunterseite mit vier nach unten hängenden, gekrausten Mundarmen. **Vorkommen** Nordsee und Ostsee bis zu den Ålandinseln. Im freien Wasser. **Wissenswertes** An ihren Tentakeln trägt die Ohrenqualle viele Nesselzellen, mit denen sie Planktontiere fängt. Für Badende ist die Berührung jedoch ungefährlich, weil die Nesselzellen die menschliche Haut nicht durchdringen können.

Die Ohrenqualle besitzt wie die meisten anderen Schirmquallen einen so genannten Generationswechsel und tritt in zwei Formentypen auf: der Qualle und dem Polypen. Letzterer ist nur wenige Millimeter groß und durch eine Basalscheibe fest am Boden verankert. Die Quallen werden von den Polypen ungeschlechtlich durch endständige Knospung gebildet. Dabei werden durch ringförmige Einschnürungen gleich mehrere frei bewegliche Jungquallen, die so genannten Ephyren, gebildet, die dann im Frühjahr im Wasser zu finden sind. Während des Sommers vermehren sich die ausgewachsenen Quallen dann geschlechtlich. Dabei entstehen aus Verschmelzung von Ei und Samenzelle Wimpernlarven, die entweder direkt wieder zu neuen Quallen heranwachsen oder sich am Boden niederlassen und zu Polypen werden.

Ohrenquallen können in so großen Schwärmen vorkommen, dass sie durch das Verstopfen der Netze und Reusen die Küstenfischerei beeinträchtigen, aber auch ganze Kühlwassersysteme von Kraftwerken und anderen Industrieanlagen lahm legen und so einen Millionenschaden anrichten können.

Gelbe Nesselqualle

Cyanea capillata (unten)

> rotbraun gefärbt
> kann sehr groß werden
> Vorsicht: nesselt stark!

Merkmale Durchmesser 45 cm, selten bis zu 1 m; Schirm flach bis leicht gewölbt, Mundarme und Tentakel stark in rotbraunen Nuancen gefärbt. Die rötlichen Geschlechtsorgane hängen zwischen den vier Mundarmen auf der Schirmunterseite; zahlreiche zusammenziehbare, dicht mit Nesselzellen besetzte Tentakel, im ausgestreckten Zustand bis zu 10 m lang. **Vorkommen** Nordsee und Ostsee bis zu den Ålandinseln. Im freien Wasser. **Wissenswertes** Nesselquallen fangen mit ihren langen, dicht mit Nesselzellen besetzten Tentakeln Kleintiere aus dem Wasser. Nicht nur beim Baden kann bereits der Kontakt mit abgerissenen Nesselfäden stundenlanges Brennen und rote Streifen auf der Haut verursachen, sondern auch beim Spazierengehen am Spülsaum. Als erste Hilfe reibt man am besten die Wunde mit Sand ab und spült sie danach gründlich mit Salzwasser.

Seenelke

Metridium senile (oben)

> blütenartiger Tentakelkranz
> bildet Klone

Merkmale Tier bis zu 30 cm hoch, zusammengezogen etwa halb so groß; weiß, hellbraun, orange oder lachsfarben, mit vielen zarten, hellen Tentakeln; Mundscheibe bei großen Tieren gelappt. **Vorkommen** Nordsee bis westliche Ostsee. Auf Hartböden, Muschelschalen und Molen, ab der Niedrigwasserlinie. In der Kieler Bucht auf Molen und Pfählen, in der Mecklenburger Bucht nur in Tiefen um 20 m. **Wissenswertes** Seenelken können an der Fußscheibe Teilstücke abtrennen, aus denen neue Tiere heranwachsen. Sie fressen kleine Tiere, die an ihre Tentakel stoßen und von Nesselzellen gelähmt werden.

Seedahlie, Dickhörnige Seerose

Urticina felina (Mitte)

> kurze, kegelförmige Tentakel
> Fußscheibe

Merkmale Bis 15 cm hoch und breit; oft gefleckt, rötlich oder grünlich; Mundscheibe mit bis zu 150 kurzen, grünen oder roten Tentakeln mit zwei bis drei weißen Streifen; Körper mit Warzen zum Anheften an Steinen oder Schalen. **Vorkommen** Nordsee bis westliche Ostsee. Auf hartem Untergrund. **Wissenswertes** Fängt Weichtiere, kleine Krebse und Fische mit ihren nesselnden Tentakeln. Kann sich mit der Fußscheibe bewegen.

Breitwarzige Fadenschnecke

Aeolidia papillosa (unten links)

> ohne Gehäuse
> Rückenanhänge
> frisst Blumentiere

Merkmale Bis zu 12 cm lang; ohne Gehäuse; Körper schlank mit bis zu 200 Rückenanhängen seitlich eines kahlen Rückenstreifens; grau bis bräunlich mit kleinen braunen oder violetten Flecken; Kopffühler oberflächlich glatt und kürzer als die spitzen Mundtentakel. **Vorkommen** Nordsee bis westliche Ostsee. Auf Felsen, an Hafenbauten und Algen. **Wissenswertes** Ernährt sich von Blumentieren. Wie alle Fadenschnecken speichert sie die unversehrt aufgenommenen Nesselkapseln ihrer Beutetiere in den Spitzen der Rückenanhänge, um sie zur Feindabwehr zu nutzen.

Facelina

Facelina bostoniensis (unten rechts)

> rote Anhänge mit weißer Spitze
> frisst Röhrenpolypen

Merkmale Bis zu 3 cm lang; ohne Gehäus; Körper mit ziegelroten Anhängen mit weißen Spitzen und weißem Rückenstreif, halbkreisförmiges Tentakelpaar am Hinterende (Riechtentakel). **Vorkommen** Nordsee bis Kattegat und nördlicher Öresund. **Wissenswertes** Frisst hauptsächlich Röhrenpolypen. Die Nesselzellen der gefressenen Nesseltiere werden von den Spitzen der Körperanhänge ausgeschieden oder dort gespeichert und später zur Verteidigung eingesetzt.

Palio dubia

Palio dubia (oben links)

> zahlreiche weiße oder gelbe Höcker
> frisst Moostierchen

Merkmale Bis zu 3 cm lang; ohne Gehäuse; bräunlich grün mit zahlreichen runden weißen oder gelben Höckern; links und rechts der Kiemen befinden sich kurze weiße Papillen. **Vorkommen** Nordsee und westliche Ostsee. Auf Hartböden und Algen. **Wissenswertes** Frisst vor allem Moostierchen. Im Gegensatz zu der sehr ähnlichen und auch im Gezeitenbereich vorkommenden Art *Palio nothus* kommt *P. dubia* meist erst in Tiefen ab 20 m vor.

Braungefleckte Warzenschnecke

Onchidoris bilamellata (oben rechts)

> Körper mit vielen kugeligen »Warzen«
> frisst Seepocken

Merkmale Bis zu 3 cm lang; ohne Gehäuse; plumper ovaler Körper, weißbraun marmoriert; Oberfläche mit vielen kugeligen bis keulenförmigen Papillen; mit zwei lamellierten Kopffühlern und bis zu 30 in einem Kranz stehenden Federkiemen. **Vorkommen** Nordsee bis Kattegat und nördlicher Öresund. Auf Hartböden und Muschelbänken. **Wissenwertes** Ernährt sich von Seepocken, die sie anbohrt und anschließend ausfrisst.

Gestreifte Hörnchenschnecke

Polycera quadrilineata (Mitte)

> weißer Körper, leuchtend gelb gefleckt
> schmeckt sauer (Fraßschutz)

Merkmale Bis zu 3,5 cm lang; ohne Gehäuse; schlanker Körper, weiß mit leuchtend gelben oder orangefarbenen Streifen und Flecken, Stirnsegel in vier Spitzen ausgezogen, zwei keulenförmige am Ende lamellierte Kopffühler; Rückseite mit gefiedertem Kiemenkranz, seitlich davon zwei spitze Anhänge. **Vorkommen** Nordsee bis westliche Ostsee. Auf Algen und Hartböden. **Wissenswertes** Frisst Moostierchen, vor allem Seerinden. Zur Feindabwehr produziert sie saure Sekrete in ihrer Haut. Kommt häufig in großer Zahl vor. Die Eier werden in kurzen gebogenen Bändern gelegt.

Weichwarzige Sternschnecke

Acanthodoris pilosa (unten)

> mit zahlreichen Rückenanhängen
> frisst Moostierchen

Merkmale Bis zu 4 cm lang; ohne Gehäuse; einheitlich weißlich, grau oder braun; Rücken mit zahlreichen gleich langen weichen Papillen; bis zu neun lange Kiemen, die in einem Kreis stehen, zwei einziehbare Kopffühler. **Vorkommen** Nordsee bis westliche Ostsee. Auf Hartböden und Algen. **Wissenswertes** Die Weichwarzige Sternschnecke ernährt sich ausschließlich von bestimmten Moostierchen (Nahrungsspezialist).

Wellhornschnecke

Buccinum undatum (oben)

> Spiralmuster
> riecht Beute
> Eigelege oft im Angespül

Merkmale Bis zu 12 cm hoch; spindelförmiges, kräftiges Gehäuse, graugelb, Oberfläche wellenförmig mit Spiralstruktur; Mündung weit eiförmig. **Vorkommen** Nordsee bis westliche Ostsee. Auf Weich- und Hartböden, ab wenigen Metern Tiefe. **Wissenswertes** Räuber und Aasfresser, riecht die Beute aus großer Entfernung. Aus dem Schlund fährt ein Rüssel aus, der die mehrfache Länge des Tieres erreichen kann. An seiner Spitze sitzt eine Raspelzunge. Kann sich schnell fortbewegen und ihr Gehäuse drehen, um sich gegen angreifende Seesterne zu verteidigen. Im Angespül findet man ihre leeren Eiballen, deren einzelne Kapseln bis zu 1000 Eier enthalten können. Nur etwa zehn Eier in einer Kapsel sind befruchtet, der Rest dient als Nahrung für die Jungschnecken. Wellhornschnecken sind essbar, meist wird aber nur der muskulöse Fuß gegessen.

Spindelschnecke

Neptunea antiqua (Mitte)

> großes Gehäuse
> lähmt Beute mit Gift

Merkmale Bis zu 15 cm hoch; rotgelbes Gehäuse mit feinen Spiralstreifen, lange Siphonalrinne. **Vorkommen** Nordsee bis westliche Ostsee, dort aber selten. Meist ab 20 m Tiefe. **Wissenswertes** Frisst Aas und Bodentiere, die sie mit dem Gift aus der Speicheldrüse lähmt.

Gemeine Strandschnecke

Littorina littorea (unten links)

> kegelförmig
> überlebt Trockenperioden
> essbar

Merkmale Bis zu 4 cm hoch; Gehäuse dickwandig, kegelförmig, graubraun, obere Mündungskante geht fließend in das Gehäuse über. **Vorkommen** Nordsee bis westliche Ostsee. Auf Weich- und Hartböden in geschützten Flachwassergebieten. **Wissenswertes** Weidet mit ihrer Raspelzunge Algen von Steinen, Muschelschalen oder großen Algen. Kann einige Tage ohne Wasser überleben. Nach der Befruchtung entlässt das Weibchen die Eier ins Meer. Die schlüpfenden Schwimmlarven gehen nach einiger Zeit zum Bodenleben über. Strandschnecken sind essbar.

Rändel-Käferschnecke

Lepidochitona cinerea (unten rechts)

> ziegelartige Rückenplatten
> auf hartem Untergrund

Merkmale Bis zu 2,5 cm lang; Rücken von acht ziegelartigen Kalkplatten bedeckt, die von einem lederartigen Gürtel umgeben sind, Platten unregelmäßig gelblich, rotbraun und grün marmoriert. **Vorkommen** Nordsee bis westliche Ostsee. Auf Muschelschalen, Steinen und Klippen. **Wissenswertes** Wenn sie von ihrer Unterlage abgelöst wird, rollt sich die Rändel-Käferschnecke wie eine Assel zusammen.

Gebänderte Grübchenschnecke

Lacuna vincta (oben)

> letzter Gehäuseumgang sehr groß
> ringförmige Eigelege auf Algen

Merkmale Bis zu 1 cm hoch; gelbliches bis hellrotes kegelförmiges Gehäuse mit oder ohne braune Streifen, mit bis zu fünf wenig gewölbten Umgängen, letzter Umgang sehr groß; Mündung weit, Fuß hellrot oder grün. **Vorkommen** Nordsee bis westliche Ostsee. Lebt auf Algen. **Wissenswertes** Besonders auffällig erscheinen im Frühjahr die weißgelb bis rosa gefärbten, ringförmigen Eigelege, die die Schnecken auf flächigen Algen ablegen. Aus den Eiern schlüpfen kleine Schwimmlarven, die zunächst zwei bis drei Monate im Meer treiben, bevor sie zum Bodenleben übergehen und sich zu kleinen Schnecken entwickeln.

Schildkröten-Napfschnecke

Acmaea testudinalis (Mitte)

> mützenförmige Schale
> saugt sich am Untergrund fest

Merkmale Bis zu 3 cm lang; mützenförmige weiche Schale mit unregelmäßigen braunen Streifen oder Flecken, selten einfarbig, der Mantelrand erscheint kupfergrün mit zwei Reihen feiner Tentakel. **Vorkommen** Nordsee bis westliche Ostsee. Sitzt auf Steinen und Klippen. **Wissenswertes** Grast Algenbeläge ab, kann sich mit ihrem muskulösen Fuß am Untergrund festsaugen. Die Eiablage erfolgt im Frühsommer auf einem festen Untergrund in einer einzigen Lage innerhalb einer Schleimschicht.

Netzreusenschnecke

Nassarius reticulatus (unten links)

> Gehäuse mit Netzmuster

Merkmale Bis zu 3 cm hoch; Gehäuse graubraun mit charakteristischem Netzmuster, Siphonalrinne mit breitem Rand. Kann mit jungen Wellhornschnecken verwechselt werden. **Vorkommen** Nordsee bis westliche Ostsee. Galt lange in der Mecklenburger Bucht als verschollen, wurde 1997 dort aber wieder gefunden. Als Verbreitungsgrenze gilt ein Salzgehalt um 15‰. Bevorzugt schlickigen Sand und Schlick, kommt aber auch auf reinen Sandböden und zwischen Algen vor. **Wissenswertes** Kann auf ihrem Fuß schnell zur Beute kriechen; in der Ruhephase liegt sie im Sand vergraben.

Pelikanfuß

Aporrhais pespelicani (unten rechts)

> charakteristisch verbreiterter Mündungsrand
> lebt im Boden versteckt

Merkmale Bis zu 5 cm hoch; Gehäuse gelblich weiß mit fünfstrahlig ausgezogener Außenlippe der Mündungsöffnung, nicht bei den Jugendstadien; acht bis zehn dickwandige Umgänge. **Vorkommen** Nordsee, Kattegat bis nördlicher Öresund. **Wissenswertes** Der Pelikanfuß lebt versteckt im Boden, wo er sich von organischem Material ernährt, das er aus dem Wasser filtert oder von der Oberfläche absammelt.

Baltische Plattmuschel

Macoma baltica (oben)

> dreieckig
> im Boden vergraben

Merkmale Schale dreieckig bis oval, gewölbt, relativ dick, bis 3 cm lang; Farbe innen rot bis gelb; außen gelb, grün, rot oder braun mit weißen konzentrischen Streifen. **Vorkommen** Nordsee und Ostsee bis um die Ålandinseln. **Wissenswertes** Die Muschel ist in Sand oder Schlick etwa 3–5 cm tief vergraben und kann langsam kriechen. Zwei Siphone halten den Kontakt zur Oberfläche. Mit dem Einströmsiphon nimmt die Muschel organische Partikel vom Boden auf. Oft mit Sandklaff- und Herzmuscheln vergesellschaftet.

Essbare Herzmuschel

Cerastoderma edule (Mitte links)

> gerippte Schalenklappen
> im Boden vergraben
> essbar

Merkmale Bis zu 5 cm lang; stabile Schale, weißlich bis bräunlich, mit ausgeprägten flachen Radialrippen. **Vorkommen** Nordsee bis westliche Ostsee. 1–2 cm tief in Sand- oder Weichboden eingegraben. **Wissenswertes** Durch einen Siphon strudelt sie Wasser zum Atmen ein und mit ihren Kiemen Nahrungsteilchen aus dem Wasser heraus. Durch einen zweiten Siphon stößt sie das verbrauchte Wasser aus. Mit dem großen Fuß kann sie umherkriechen und sich schnell eingraben.

Sandklaffmuschel

Mya arenaria (Mitte rechts)

> weiße, ovale, auseinander klaffende Schalenklappen
> aus Amerika eingeschleppt

Merkmale Bis zu 14 cm lang; Schale kräftig, oval, weißlich mit konzentrischen Streifen; am Hinterende spitz zulaufend und weit klaffend (Name!); linke Klappe wenig kleiner als die rechte, mit großem löffelartigen Fortsatz unterhalb des Wirbels. **Vorkommen** Nordsee und Ostsee bis um die Ålandinseln. In Sand- und Schlickböden. **Wissenswertes** Die Muschel vergräbt sich bis zu 30 cm tief im Boden. Kontakt zur Oberfläche durch zwei Siphone. Nur Jungtiere haben einen funktionstüchtigen Grabfuß, erwachsene Tiere können ihren Standort nicht wechseln. Vermutlich haben die Wikinger die Sandklaffmuschel etwa im 13. Jh. als Nahrungsproviant von Amerika mit nach Europa gebracht.

Abgestutze Sandklaffmuschel

Mya truncata (unten)

> ähnlich Sandklaffmuschel

Merkmale Bis zu 7 cm lang; ähnlich der Sandklaffmuschel; vorderes Schalenende abgerundet, hinteres Schalenende wie abgeschnitten, klafft auseinander; die rechte Schalenhälfte ist stärker nach außen gewölbt als die linke. **Vorkommen** Nordsee bis westliche Ostsee. In Mischsand und Schlickgebieten bis 70 m Tiefe. **Wissenswertes** Ein abgetrennter Siphon kann nicht nachgebildet werden. Das Tier stirbt, wenn es den Siphon verliert.

Essbare Miesmuschel

Mytilus edulis (oben)

› spinnt sich mit Klebfäden fest
› bildet Muschelbänke
› in der Ostsee klein und dünnschalig

Merkmale Bis zu 10 cm lang; Schale blauschwarz, Vorderende zugespitzt, Hinterende gerundet, Außenseite mit kräftiger dunkler Oberhaut, Innenseite glänzend, perlmuttartig. **Vorkommen** Nordsee und Ostsee bis zu den Ålandinseln. Auf der Oberfläche von Sand- und Hartböden. **Wissenswertes** An ihrem kräftigen Fuß sitzt eine Drüse, die Klebfäden absondert. Damit spinnt sich die Muschel am Untergrund, an Steinen, Pfählen oder an Schalen ihrer Artgenossen fest. Aus anfangs wenigen zusammengesponnenen Miesmuscheln können große Bänke entstehen, auf denen mehrere tausend Tiere pro Quadratmeter neben- und übereinander liegen. Miesmuscheln filtrieren kleine Planktonalgen und andere Schwebstoffe aus dem Wasser. Sie sind beliebte Speisemuscheln. Allerdings sind Muscheln, die in der Nähe von Abwassereinleitungen oder Massenvorkommen giftiger Algen leben, oft mit Giftstoffen belastet und nicht zum Essen geeignet. Form und Größe der Miesmuscheln sind von Nahrungsangebot, Salzgehalt, Strömung und Platzverhältnissen abhängig. Sie vertragen auch größere Schwankungen des Salzgehalts und der Temperatur. In der Ostsee werden Miesmuscheln nur ein paar Zentimeter lang, sind dünnschaliger als in der Nordsee und leben von 2 m bis 50 m Tiefe.

Amerikanische Schwertmuschel

Ensis americanus (Mitte)

› lang gestreckte Schalen
› steckt in Sandböden
› aus Amerika eingeschleppt

Merkmale Bis zu 16 cm lang; Schale lang gestreckt und schwach gewölbt; unterscheidet sich von anderen Schwertmuscheln durch den dreieckigen, länglichen Schließmuskelansatz am Vorderende. **Vorkommen** Nordsee bis dänische Belte und Öresund. In Sandböden, nach Stürmen werden ihre Schalen häufig angespült. **Wissenswertes** Stammt ursprünglich aus Nordamerika; ist wahrscheinlich in den 1970er-Jahren als Larve im Ballastwasser von Schiffen nach Europa eingeschleppt worden. Seitdem hat sie sich schnell verbreitet.

Gemeine Islandmuschel

Arctica islandica (unten)

› stark gewölbte Schalen
› wird über 200 Jahre alt

Merkmale Bis zu 12 cm breit; dicke stark gewölbte Schalenklappen, nahezu rund mit feiner konzentrischer Skulptur; Innenseite mit deutlichen Schließmuskelabdrücken; junge Tiere sind hellbraun, ältere dunkelbraun mit schwarzer Oberhaut. **Vorkommen** Nordsee bis Ostsee um Bornholm. Dicht unter der Sedimentoberfläche auf Sand- und Schlickböden unterhalb der Niedrigwasserlinie. **Wissenswertes** Islandmuscheln können über 200 Jahre alt werden.

Schiffsbohrwurm

Teredo navalis (oben)

> Schale als Bohrwerkzeug
> eingeschleppte Art

Merkmale Bis zu 30 cm lang; Schalenklappen stark reduziert und als Bohrwerkzeug umfunktioniert; Weichkörper wurmförmig, Schalenklappen bis 1 cm. **Vorkommen** Nordsee bis westliche Ostsee. In Holzbauwerken (Molen, Buhnen, Planken, Schiffsrümpfe). **Wissenswertes** Ursprünglich ist der Schiffsbohrwurm bei uns nicht heimisch. Er ist eine völlig umgestaltete Muschel, kann seine Schale als Bohrwerkzeug einsetzen und einen Kanal anlegen, der seinem Körperbau entspricht. Das Tier bohrt Wohnröhren in Holz und ernährt sich auch davon. Die Gänge werden bis zu 60 cm lang und haben einen Durchmesser von bis zu 1 cm.
Für die frühen Holzschiffe wurde der Schiffsbohrwurm bald zur Gefahr. Wegen seiner starken Vermehrung im warmen Wasser drohten ungeschützte Holzschiffe nach längerem Aufenthalt in den Tropen auseinander zu brechen. Dieses Schicksal ereilte wohl auch die Flotte von Christoph Columbus. Als Gegenmaßnahme wurden die Schiffsrümpfe mit Metallplatten aus Kupfer oder Blei verstärkt. Nach 1509 mussten wegen des Schiffsbohrwurms alle spanischen Schiffe für die Neue Welt von außen mit Metall beschlagen werden.

Krause Bohrmuschel

Zirfea crispata (Mitte)

> Schale vorne mit dornenbesetzten Rippen
> bohrt in Kreide, Torf, Lehm

Merkmale Bis zu 10 cm lang; kräftige Schale, gelblich weiß mit einer Einschnürung in der Mitte; Vorderende zugespitzt mit kräftigen, dornenbesetzten Radialrippen; Schalenklappen mit je einem nach innen gerichteten Fortsatz, vorne und hinten weit klaffend. **Vorkommen** Nordsee bis westliche Ostsee. In Kreide, Torf und hartem Lehm. **Wissenswertes** Die Krause Bohrmuschel bohrt runde Löcher in die Substrate, die sie bewohnt. Als Bohrer dient der vordere Außenrand der Schalenklappen.

Weiße Bohrmuschel

Barnea candida (unten)

> lange Schalenklappen
> filtriert Plankton

Merkmale Bis zu 6 cm lang; Schalenklappen lang gestreckt, dünnwandig, mit vielen dornenbesetzten, kräftigen Radialrippen, weiß; jede Schale hat einen nach innen ragenden Fortsatz beim Wirbel. **Vorkommen** Nordsee bis westliche Ostsee. In harten Substraten (hölzerne Hafenbauten, Kreide, Torf, Ton). **Wissenswertes** Die Weiße Bohrmuschel bohrt sich mit dem Vorderende zuerst ins Substrat, indem sie die Schalen zueinander verschiebt. Die gebohrten Löcher dienen als Schutz vor Fressfeinden. Sie ernährt sich von Plankton, das sie aus dem Wasser filtriert. Die beiden Siphone der Weißen Bohrmuschel können vier- bis fünfmal so lang wie die Schale des Tiers sein.

Filigranwurm

Filograna implexa (oben links)

> kleiner Borstenwurm mit Tentakelkrone
> baut lange dünne Kalkröhren

Merkmale Bis zu 5 mm lang; grau durchscheinender Körper und Tentakelkrone; die weißen, zylindrischen, bis zu 4 cm langen, dünnen Kalkröhren sind miteinander verschlungen und bilden große Klumpen auf Steinen und Algen. **Vorkommen** Nordsee bis Kattegat, nördlicher Öresund. **Wissenswertes** Die Tiere bewegen sich frei in ihrer Röhre, verlassen sie aber nie und können bei Zerstörung auch keine neue bilden.

Sandpier, Wattwurm

Arenicola marina (oben rechts)

> ähnelt Regenwurm
> baut Wohnröhre im Sand
> typische Trichter und Kotkringel

Merkmale Bis zu 30 cm lang; dreigeteilter Körper: vorderer Abschnitt mit Kopf und sechs dickeren Segmenten, Mittelzone mit 13 Segmenten mit leuchtend roten Kiemenbüscheln, hinterer Teil als schmaler Schwanz mit bis zu 90 Segmenten; rotbraun bis fast schwarz. **Vorkommen** Nordsee, v. a. im Wattenmeer, bis westliche Ostsee. V. a. in Sandböden des Flachwassers. **Wissenswertes** Gräbt L-förmige Wohnröhren im Sand. Große Tiere leben bis 20 cm tief im Boden, kleinere etwas weniger tief. Auf der einen Seite befindet sich ein Einsturztrichter, weil der Wurm unten den von oben hinabrieselnden Sand frisst und die organischen Bestandteile verdaut. Kriecht regelmäßig mit seinem Hinterende voran an die Oberfläche und stößt den gereinigten Sand wieder aus.

Köcherwurm

Pectinaria koreni (Mitte)

> baut köcherförmige Sandröhren
> im Angespül

Merkmale Bis zu 8 cm lang; Tier bis zu 5 cm lang; köcherförmige Wohnröhre aus vielen fast gleich großen Sandkörnchen, weißlich bis rosa; Kopf mit kräftigem Borstenkamm und vielen kurzen Tentakeln. **Vorkommen** Nordsee bis westliche Ostsee. In Schlick- und Sandböden. **Wissenswertes** Steckt mit dem Vorderende schräg im Boden, gräbt mit Schaufelborsten das Substrat um und sortiert mit Tentakeln Kleinstlebewesen als Nahrung heraus. Die Sandröhre ist im Angespül zu finden.

Irisierender Seeringelwurm

Neanthes virens (unten)

> langer, räuberischer Wurm
> schimmert grünblau oder braun

Merkmale Bis zu 80 cm lang; lang gestreckter Körper aus über 200 Segmenten; Kopf mit kieferbewehrtem Rüssel; grün bis blau oder dunkelbraun bis kupferfarben, irisierend. **Vorkommen** Nordsee bis westliche Ostsee. In Sand- und Schlickböden. **Wissenswertes** Gräbt verzweigte Gänge in den Boden. Nachts kriecht er heraus und frisst mit seinem kräftigen Rüssel Algen und Kleintiere aller Art.

Baltische Klippenassel

Idotea balthica (oben)

> ovaler, flacher Krebs
> lebt auf und von Wasserpflanzen

Merkmale Bis zu 3 cm lang; ovaler abgeflachter Körper; Farbe sehr variabel, von grünlich bis braun oder rötlich, oft mit weißer Marmorierung oder Streifen; das letzte Segment hat drei deutliche Spitzen. **Vorkommen** Nordsee und Ostsee bis zu den Ålandinseln. Vorwiegend auf Seegras oder Algen. **Wissenswertes** Die Baltische Klippenassel ist ein Pflanzenfresser. Sie verträgt auch Wasser mit geringem Salzgehalt.

Sandgarnele

Crangon crangon (Mitte links)

> sandfarbene Garnelen
> »Krabbenfang« in der Nordsee
> in der Ostsee weniger häufig

Merkmale Weibchen bis 8 cm lang, Männchen bis 4,5 cm (Zwitter, leben ein bis zwei Jahre als Männchen, dann als Weibchen); Farbe vom Untergrund abhängig, gräulich braun, hell oder dunkel; Körper lang gestreckt, segmentierter Schwanz mit Fächer am Ende; zwei Antennenpaare, ein schlankes Scherenpaar, vier dünne Laufbeinpaare. **Vorkommen** Ab der Niedrigwasserlinie. Nordsee bis Kattegat und nördlicher Öresund. Auf Weichböden, im Flachwasser und in der Gezeitenzone. **Wissenswertes** Gewandte und schnelle nachtaktive Tiere; tagsüber eingegraben, nur Augen und Antennen schauen hervor. Fressen Weichtiere, kleine Krebse, Algen, organische Reste. In der Nordsee können Garnelen massenhaft auftreten, werden größer als in der Ostsee und sind Grundlage einer bedeutenden Küstenfischerei (»Nordseekrabben«). In der Ostsee treten sie nur gelegentlich in größeren Mengen auf.

Gebogene Schwebgarnele

Praunus flexuosus (Mitte rechts)

> garnelenartige Gestalt
> auch in Flussmündungen

Merkmale Bis zu 2,5 cm lang; braun bis grünlich. **Vorkommen** In der Nord- und Ostsee, bis zu den Ålandinseln, auch in Flussmündungen. Im Flachwasser zwischen Seegras und Algen. **Wissenswertes** Schwebgarnelen ernähren sich von Planktontieren und filtrieren Schwebstoffe aus dem Wasser.

Ostseegarnele

Palaemon adspersus (unten)

> in Seegraswiesen
> verträgt auch geringeren Salzgehalt

Merkmale Bis zu 8 cm lang; Farbgebung vom Untergrund abhängig, oftmals durchscheinend graugrün mit bräunlichen Flecken. **Vorkommen** Nordsee bis Ostsee um die Ålandinseln. Zwischen Seegras in geschützten Buchten und Fjorden. **Wissenswertes** Die Ostseegarnele ist im Sommer bereits im knietiefen Wasser anzutreffen, im Winter hingegen erst ab 3–4 m Wassertiefe.

Strandkrabbe

Carcinus maenas (oben)

> untergeschlagener Schwanz
> gefräßiger Räuber
> Panzerreste im Angespül

Merkmale Bis zu 8 cm breit; Rückenpanzer etwa fünfeckig mit gezähntem Rand, braungrau bis grünlich, jüngere Tiere oft gefleckt; typische Krabbengestalt mit untergeschlagenem Schwanz; zwei kleine Antennenpaare, ein Paar große Kneifscheren, vier Paar Laufbeine. **Vorkommen** Nordsee bis Ostsee westlich von Bornholm. Auf Weich- und Hartböden zwischen Steinen, Algen und Seegras. **Wissenwertes** Die orangefarbenen Eier werden unter dem breiten, eingeklappten Hinterleib des Weibchens aufbewahrt. Der Hinterleib des Männchens ist schmaler. Kurzzeitiges Trockenfallen und erniedrigte Salzgehalte im Wasser können den Strandkrabben nichts anhaben. Sie sind gefräßige Räuber und ernähren sich von Muscheln, Schnecken, Krebsen, aber auch von Aas und sogar frisch gehäuteten Artgenossen. Geschlechtsreife Tiere häuten sich einmal jährlich, Jungtiere öfter. Die abgestoßenen Panzer werden oft am Spülsaum angeschwemmt. Strandkrabben dienen z. B. Möwen, Austernfischen und Dorschen als Nahrung.

Weißgefingerte Schlickkrabbe

Rithropanopeus harrisii (Mitte)

> typisches Brackwassertier
> aus Amerika eingeschleppt

Merkmale Rückenschild bis 2 cm breit; rötlich bis bräunlich gefärbt. **Vorkommen** Typisches Brackwassertier, vermutlich erst in den 1950er-Jahren von Nordamerika nach Europa eingeschleppt, wahrscheinlich als Larven im Ballastwasser von Schiffen. Heute im Nord-Ostsee-Kanal, den Schleswig-Holsteiner Seen, der Wislamündung und besonders häufig um Rügen anzutreffen. **Wissenswertes** Die Krabbe kommt vorwiegend bei einem Salzgehalt von 1–18‰ vor.

Einsiedlerkrebs

Pagurus bernhardus (unten)

> wohnt in Schneckenhäusern
> nur in salzreichem Wasser anzutreffen

Merkmale Bis zu 10 cm lang; bewohnt leere Schneckenhäuser; Hinterkörper weich, schief, sackartig; zwei Antennenpaare, ein Paar Scheren, zwei Paar kräftig entwickelte Laufbeine, zwei reduzierte Beinpaare u. a. zum Festhalten des Gehäuses; gelb, braun und rot gezeichnet. **Vorkommen** Nordsee bis zum nördlichen Kattegat. Auf Weich- und Hartböden. **Wissenswertes** Einsiedlerkrebse leben in Schneckenhäusern, in die sie sich bei Gefahr zurückziehen und deren Öffnung sie mit den Scheren verschließen. Während sie wachsen, müssen sie das Gehäuse mehrfach wechseln. Die größten bewohnten Gehäuse sind die der Wellhorn- und der Spindelschnecke. Einsiedlerkrebse fressen Kleintiere und Aas, können aber auch kleine Partikel aus dem Wasser oder aus dem Sand herausfiltern.

Gespensterkrabbe

Macropodia rostrata (oben)

> kleiner Körper
> sehr lange Beine
> tarnt sich mit Algen

Merkmale Körper bis zu 2,5 cm lang, meist jedoch kleiner; birnenförmig, mit spitzem gegabelten Stirnfortsatz und fünf sehr langen, dünnen Laufbeinpaaren, davon ein Paar als Scherenfüße; graubraun. **Vorkommen** Nordsee bis westliche Ostsee. Zwischen Seegras und Algen. **Wissenswertes** Tarnt sich mit Algenstückchen, frisst kleine Krebstiere.

Nordische Seespinne

Hyas araneus (Mitte)

> größer als Gespensterkrabbe
> oft mit Aufwuchs

Merkmale Bis zu 10 cm lang; Panzer birnenförmig, graubraun, dreieckiger, gespaltener Stirnfortsatz, hinter den Augen je eine flügelartig erweiterte Ausstülpung; Laufbeine lang, das erste Paar zu schlanken Scheren umgewandelt. **Vorkommen** Nordsee bis westliche Ostsee. Auf Sand- und Felsböden. **Wissenswertes** Tarnt sich mit Schwammstückchen oder Algen. Ältere Seespinnen tragen verschiedene Aufwuchsorganismen.

Gemeine Seepocke

Semibalanus balanoides (unten links)

> stark abgewandelter Krebs
> sitzt in Kalkgehäuse fest
> erträgt Trockenfallen

Merkmale Bis zu 2 cm im Durchmesser, 1–6 cm hoch; Kalkgehäuse weißgrau, je nach Siedlungsdichte unterschiedlich kraterförmig, aus sechs gekerbten Platten, mit einer Grundplatte der Unterlage angeheftet; obere Öffnung durch vier bewegliche Platten verschließbar. **Vorkommen** Nordsee bis dänische Belte und Öresund. Auf Hartböden aller Art, Muschelschalen, Krebspanzern, Algen und Schiffsrümpfen; nahe der Wassergrenze. **Wissenswertes** Dieser stark abgewandelte Krebs ist an der Küste fast überall anzutreffen. Er sitzt in seinem Gehäuse auf dem Untergrund fest. Sobald er unter Wasser getaucht wird, streckt er seine Fangarme heraus und filtriert kleine Schwebepartikel aus dem Wasser. Fällt er trocken, verschließt er sein Gehäuse fest und kann so tagelang ohne Wasser ausharren. Extreme Temperatur- und Salzgehaltschwankungen erträgt er schadlos.

Große Seepocke

Balanus balanus (unten rechts)

> größte heimische Seepocke
> nur in der Dauerflutzone

Merkmale Bis zu 5 cm hoch und breit; Kalkgehäuse weißgrau, mit dickeren Radialfalten und verkalkter Grundplatte; zwei der unteren Platten enden in einer schnabelartigen, krummen, violetten Spitze. **Vorkommen** Nordsee bis westliche Ostsee. Auf Muschelschalen, Krebspanzern und Hartböden. **Wissenswertes** Die größte heimische Seepocke bleibt in ihrer Verbreitung auf die Dauerflutzone beschränkt.

Gemeiner Seestern

Asterias rubens (oben)

> fünf Arme mit Saugfüßchen
> frisst Miesmuscheln
> sehr regenerationsfähig

Merkmale Durchmesser bis 25 cm; fünf Arme mit Saugfüßchen an den Armunterseiten in vier Reihen; Körperoberfläche unregelmäßig und kurz bestachelt, orange, rotbraun bis schwarzviolett. **Vorkommen** Nordsee bis Ostsee um Bornholm. Auf Weich- und Hartböden aller Art. **Wissenswertes** Ostseetiere sind zum Teil steril aufgrund des geringen Salzgehalts, vertragen aber Brackwasser besser als verwandte Arten.

Seesterne leben räuberisch, fressen aber auch Aas, Hauptnahrung sind Miesmuscheln. Mit ihren kräftigen Armen verdecken sie die Atemöffnungen der Muscheln, so dass diesen die Luft ausgeht. Zugleich heften sie sich mit ihren Saugfüßchen fest an die Schalenklappen und ziehen die Muschel langsam auseinander. Dies dauert oft mehrere Stunden. Dann stülpen sie ihren Magen ins Muschelinnere, um die Weichteile zu verdauen. Außerdem können Seesterne ihren Magen flach auf dem Boden ausbreiten, um kleine Algen und andere organische Teilchen aufzunehmen. Werden Seesterne an einem Arm angegriffen, können sie diesen am Ansatz abschnüren und fliehen. Der fehlende Arm wächst wieder nach. Seesterne können in so großen Mengen vorkommen, dass sie in kürzester Zeit ganze Muschelbänke zerstören können.

Kleiner Strandigel

Psammechinus miliaris (Mitte)

> bestacheltes Gehäuse
> weidet Aufwuchs ab

Merkmale Durchmesser 2,5–4,5 cm; grün; die Schalen der Weibchen sind von der Seite her gesehen halbkugelig, die der Männchen oben abgeflacht; Stacheln mit violetten Spitzen. **Vorkommen** Nordsee bis westliche Ostsee. Auf Felsböden, unter Steinen und Algen, an Molen, Buhnen und in Seegraswiesen. **Wissenswertes** Der Kleine Strandigel läuft mit seinen Saugnapffüßchen über den Boden und weidet dabei mit seinem kräftigen Kauapparat auf der Körperunterseite Tiere und Algen vom Untergrund ab. Er nagt Herzmuscheln die Schalenbänder durch, um sie ausfressen zu können. Auf Kalkklippen kann der Strandigel mit den Stacheln napfförmige Vertiefungen graben, um Schutz zu suchen.

Heller Schlangenstern

Ophiura albida (unten)

> kleine Körperscheibe
> lange Arme

Merkmale Körperscheibe bis 1,2 cm breit; rotbraun; Arme etwa viermal so lang mit kurzen Stacheln; oftmals mit weißen Flecken an der Basis der Arme. **Vorkommen** Nordsee bis Öresund und westliche Ostsee. Auf Sand und Schlamm. **Wissenswertes** Schlangensterne bewegen sich relativ rasch mit ihren sehr beweglichen Armen. Sie ernähren sich überwiegend von Plankton und anderen Kleinstlebewesen.

Schlauch-Seescheide

Ciona intestinalis (oben)

> milchig durchsichtiger Körper
> am Untergrund festgewachsen
> filtriert Plankton

Merkmale Bis zu 15 cm hoch; aufrechte, schlanke, einzeln stehende Tiere; Mantel milchig durchscheinend, innere Organe schimmern rötlich hindurch; Ein- und Ausströmöffnung gelb eingefasst. **Vorkommen** Nordsee bis westliche Ostsee. Auf harten und weichen Untergründen, an Algen, Muschelschalen, Schiffen und in Häfen, bis in Tiefen von 500 m. **Wissenswertes** Die Tiere filtrieren mit ihrem großen Kiemendarm Plankton und andere Schwebeteilchen aus dem Wasser.

Parallelseitige Seescheide

Corella parallelogramma (Mitte)

> ovaler bis rechteckiger Körper

Merkmale Bis zu 5 cm groß; Körper oval bis rechteckig; Mantel durchsichtig und fest, innere Organe sowie rote, gelbe und weißliche Flecken erkennbar. Sehr variable Art. **Vorkommen** Nordsee bis westliche Ostsee. Auf Klippen, Schalen, Algen, von 1,5–200 m Tiefe. **Wissenswertes** Aufgrund ihrer Körperform und Transparenz kaum zu verwechseln.

Tangbeere

Dendrodoa grossularia (unten links)

> roter, kugeliger Körper
> lebend gebärend

Merkmale Bis zu 2,5 cm hoch, Durchmesser bis 1,2 cm; Körperform variabel von flach oval über halbkugelig bis zylindrisch aufrecht stehend; hellrot bis rostrot; Manteloberfläche meist glatt; Ein- und Ausströmöffnung als kleine Schornsteine hervortretend; die Tiere haften mit der flachen Basis an Unterlagen an. **Vorkommen** Nordsee bis Ostsee um Bornholm. Auf Steinen, Muschelschalen oder Algen festgewachsen, häufig in großen Gruppen zusammen. **Wissenswertes** Tangbeeren sind lebend gebärend. Die 2 mm langen, roten Larven leben zunächst frei schwimmend, setzen sich aber schon nach ein paar Stunden fest, oftmals direkt neben den ausgewachsenen Tieren.

Gallert-Synascidie

Diplosoma listerianum (unten rechts)

> flache, gallertartige Kolonien
> gemeinsam genutzte Ausströmöffnung

Merkmale Bilden transparente, lediglich 0,2 cm hohe gallertartige Kolonien mit vereinzelt auftretenden grauen oder braunen Pigmenten; jedes Tier hat eine eigene Einströmöffnung, die Ausströmöffnung teilen sich zahlreiche Tiere miteinander. **Vorkommen** Überzieht verschiedene Substrate wie beispielsweise Seegräser, Miesmuscheln, Tange und Steine. Häufig an Hafenanlagen. **Wissenswertes** Ursprünglich wohl nur in Europa beheimatet, inzwischen fast weltweit vorkommend.

Krusten-Seerinde

Electra crustulenta (oben links)

> bildet flache Kalkkrusten
> verträgt wechselnden Salzgehalt

Merkmale Flache verkalkte Kolonien, bilden Krustenüberzüge von mehreren Zentimetern Durchmesser; Einzeltiere in sechskantigen Gehäusen, in der Aufsicht typische Wabenstruktur. **Vorkommen** Nordsee bis Ostsee um die Ålandinseln. Auf Seegras, Algen, Pfählen, Steinen und Muschelschalen. In Flachwassergebieten. **Wissenswertes** Krusten-Seerinden vertragen Brackwasser sowie größere Schwankungen des Salzgehalts.

Blätter-Moostierchen

Flustra foliacea (oben rechts)

> ähnelt Algenbüschel
> Kolonie mit Arbeitsteilung

Merkmale Bis zu 20 cm hoch; frei stehende, aufrecht wachsende Kolonie; gelblich braun; gabelig verzweigte »Blätter«; Oberfläche gleichmäßig strukturiert durch die kästchenförmigen mit Dornen versehenen Einzelgehäuse der Tiere (bis 0,5 mm groß). **Vorkommen** Nordsee bis westliche Ostsee. Im Flachwasser auf felsigen Untergründen, Steinen und Muschelschalen. In strömungsreichen Gebieten mitunter in sehr dichten Beständen. **Wissenswertes** Beim flüchtigen Hinschauen leicht mit einem Algenbüschel zu verwechseln. Einzelgehäuse mit je einer unverkalkten Wand. Durch diesen Deckel strecken die Moostierchen ihre Tentakelkronen aus, um Nahrungsteilchen aus dem Wasser zu filtrieren. Zwischen den »normalen« Tieren sitzen einzelne mit einem vogelschnabelartigen Deckel bewaffnete »Wehrtiere«, die verhindern, dass die Kolonien überwachsen werden.

Die einzelnen Moostierchen sind Zwitter, jedes einzelne Tier bildet Eier. Daraus entstehen Schwimmlarven, die sich nach kurzer Zeit auf dem Grund anheften, einen Fangarm bilden und nach Plankton fischen. Die Kolonien wachsen durch Knospung und bilden etwa alle vier Tage neue Kammern. Die in den Kammern lebenden Moostiere werden vermutlich nur einige Monate alt, werden aber durch Knospung aus benachbarten Kammern ersetzt, so dass die Tierstöcke wahrscheinlich mehrere Jahre überleben können.

Aufrechtes Ledermoostierchen

Alcyonidium diaphanum (unten)

> aufrechte, verzweigte Kolonie
> kann Allergien auslösen

Merkmale Bis zu 30 cm hoch; aufrechte, zylindrisch bis keulenförmige, oftmals verzweigte Kolonie; gelbbraun bis graugrün. **Vorkommen** Nordsee bis westliche Ostsee. Lebt auf Felsen, Steinen oder Muschelschalen vom Flachwasserbereich an. **Wissenswertes** Das Aufrechte Ledermoostierchen kann bei manchen Menschen eine Allergie auslösen. Sie verursacht rote Flecken auf der Haut, die sich zu offenen Wunden entwickeln können.

Steinbutt

Psetta maxima (oben links)

> fast kreisrunder Plattfisch
> auf Sandböden

Merkmale Bis zu 70 cm lang; Oberseite mit Knochenhöckern und Dornen; Körper abgeflacht, fast kreisrund, Farbe variabel: grau, grünlich oder dunkelbraun, gefleckt oder marmoriert, Unterseite weiß. **Vorkommen** Nordsee und Ostsee bis zu den Ålandinseln. Grundfisch auf Sandböden. **Wissenswertes** Steinbutte ernähren sich v. a. von anderen Grundfischen (Sandaale, Grundeln), Krebs- und Weichtieren. Legen mehrere Millionen Eier. Die Larven sind frei schwimmend und gehen bei 2,5 cm Länge im flachen Wasser der Küstenregion zum Bodenleben über. Beliebter Speisefisch.

Flunder

Platichthys flesus (oben rechts)

> ähnlich Scholle
> auch in Flussmündungen und Bodden

Merkmale Bis zu 50 cm lang; abgeflachter Körper; Oberfläche rau mit scharfen knöchrigen Spitzen entlang der Seitenlinie; Oberseite graubraun bis olivgrün, Unterseite weiß, teils pigmentiert. **Vorkommen** Nordsee und Ostsee bis zu den Ålandinseln. Grundfisch auf Weichböden. Im Sommer häufig im flachen Brackwasser, z. B. in Flussmündungen, Bodden. **Wissenswertes** Ernährt sich von Weichtieren, Krebsen und Würmern.

Scholle

Pleuronectes platessa (Mitte)

> mit Höckerreihe hinter dem Auge
> beliebter Speisefisch

Merkmale Bis zu 50 cm lang; abgeflachter Körper; Haut glatt mit einer Reihe knöchriger Höcker hinter dem Auge; Oberseite graubraun mit roten Körperflecken, bei ausgewachsenen Exemplaren von weißen Ringen umgeben, Unterseite weiß. **Vorkommen** Nordsee bis nördliche Ostsee. Grundfisch, häufig auf Sandboden. **Wissenswertes** Schollen ernähren sich von Muscheln, Krebstieren und Borstenwürmern. Zahlreiche Lokalrassen, z.B. Ostsee- und Nordseescholle. In der südlichen Beltsee findet man häufig Bastarde zwischen Scholle und Flunder (»Blendlinge«). Beliebter Speisefisch.

Seezunge

Solea solea (unten)

> dunkel gefleckt
> wertvoller Speisefisch

Merkmale Durchschnittliche Länge 30–40 cm, nach 20 Jahren maximal bis zu 60 cm lang; runde Schnauze und vorspringender Oberkiefer, Schuppen klein, bedornt (raue Oberfläche), graugrün bis schwarz-braun, unregelmäßig schwarz gefleckt. **Vorkommen** Nordsee bis westliche Ostsee. Auf sandigem oder schlammigem Grund bis in 150 m Tiefe. **Wissenswertes** Ernährt sich von Würmern, Muscheln und Krebsen, die mit den Barteln am Maul ertastet werden. Beliebter Speisefisch.

Europäischer Flussaal

Anguilla anguilla (oben)

> wandern Tausende von Kilometern
> beliebter Räucherfisch

Merkmale Bis zu 1,30 m lang (nur Weibchen, Männchen bis 60 cm); Rücken dunkel braungrün, Seiten gelblich (»Gelbaal«). Beim Nahen der Geschlechtsreife Rücken dunkler, Seiten und Bauch silbrig, Haut dicker, Augen größer (»Blankaal«). **Vorkommen** Nordsee und Ostsee bis zu den Ålandinseln. Bodenfisch. **Wissenswertes** Die 6–7 cm langen Glasaale erscheinen im Frühjahr an den Küsten von Nordsee und Kattegat. Im Sommer färben sie sich dunkel. Einige wandern in Flussläufe und Seen ab, andere leben in brackigen Meeresbuchten. Die geschlechtsreifen Aale wandern Tausende von Kilometern zu ihrem Laichplatz im Atlantik (Sargassosee). Die Larven nutzen den Golfstrom, um zurück in die europäischen Gewässer zu wandern. Beliebter Räucherfisch.

Aalmutter

Zoarces viviparus (Mitte oben)

> gefleckter Grundfisch
> lebend gebärend

Merkmale Bis zu 50 cm lang; braungelb und unregelmäßig dunkel gefleckt, Einsenkung in Rückenflosse. **Vorkommen** Grundfisch, über bewuchsreichen Sand- und Felsböden. Nordsee und Ostsee bis zu den Ålandinseln. **Wissenswertes** Aalmuttern ernähren sich von kleinen Fischen, Krebsen und Würmern. Die Weibchen gebären bis zu 400 fertig ausgebildete Junge.

Butterfisch

Pholis gunnellus (Mitte unten)

> schlank, lang
> schwarze Flecken mit weißem Rand

Merkmale Bis zu 25 cm lang; sehr schlank, lang gestreckt; Kopf klein, grau oder braun mit 9–13 schwarzen, von einem weißen Rand gesäumten, runden Flecken entlang des Rückenflossensaums. **Vorkommen** Nordsee und Ostsee bis zu den Ålandinseln. Auf Sand und algenreichen Felsböden. **Wissenswertes** Ernährt sich von kleinen Bodentieren. Im Winter laichen sie und bewachen ihr Gelege bis zum Schlüpfen.

Dorsch, Kabeljau

Gadus morhua (unten)

> kräftiger Bartfaden

Merkmale Bis zu 1,5 m lang, unreif: Dorsch, geschlechtsreif: Kabeljau; oliv bis braun, dunkler marmoriert, Bauch weiß, Seitenlinie hell, vorstehender Oberkiefer, kräftiger Bartfaden. **Vorkommen** Nordsee und Ostsee bis zu den Ålandinseln. **Wissenswertes** Ernährt sich von Krebsen, Würmern, Weichtieren und anderen Fischen, z. B. Heringen. Die 1,5 mm großen Eier schwimmen zwei bis vier Wochen frei im Wasser, bis die Jungtiere schlüpfen. Dorsche laichen in der mittleren Ostsee in den tiefen Becken, wo der Salzgehalt hoch genug ist, um die Eier schwebend zu halten. Beliebter Speisefisch.

Hering

Clupea harengus (oben links)

> bildet Schwärme
> verschiedene Rassen

Merkmale Bis zu 40 cm lang; schlank, Bauchflosse hinter Rückenflossenansatz; Rücken blaugrün mit violettem Schein, Seiten und Bauch silbern mit goldenem Schimmer. **Vorkommen** Nordsee und Ostsee bis zu den Ålandinseln. In Schwärmen im Freiwasser. **Wissenswertes** Frisst Planktontiere, die er mit seinem Kiemenfilter aus dem Wasser siebt. Es gibt verschiedene Rassen, die zu verschiedenen Zeiten laichen und unterschiedliche Wanderrouten haben. In der östlichen Ostsee ist der Baltische Hering oder Strömling verbreitet. Er wird max. 20 cm lang. Beliebter Speisefisch.

Seehase

Cyclopterus lumpus (oben rechts)

> plumper Fisch
> Saugnapf
> »Deutscher Kaviar«

Merkmale Weibchen bis 50 cm lang, blaugrau, Männchen bis 30 cm lang, zur Laichzeit unterseits rotorange gefärbt; Körper plump, Bauchflossen umgewandelt zu Saugnapf; Haut schuppenlos, mit Dornenreihen besetzt. **Vorkommen** Nordsee und Ostsee bis zu den Ålandinseln. Auf steinigem Grund oder im Freiwasser. **Wissenswertes** Im Frühjahr legt das Weibchen einen rötlichen Eiklumpen mit bis zu 200 000 Eiern am Felsgrund ab, das Männchen bewacht die Eier, bis die kaulquappenförmigen Jungtiere schlüpfen. Seehasen ernähren sich von Krebstieren, Ohrenquallen und Kleinfischen. Der schwarz gefärbte Rogen wird als »Deutscher Kaviar« verkauft.

Seeskorpion

Myoxocephalus scorpius (Mitte)

> großes Maul
> Kopf mit Dornen

Merkmale Bis zu 30 cm lang; raue Schuppen oberhalb und unterhalb der Seitenlinie; Maul breit und groß, am Kopf viele Dornen; oben dunkelbraun, an den Flanken helle Flecken, Unterseite viel heller. Zur Laichzeit haben Männchen einen roten Bauch mit weißen Flecken. **Vorkommen** Nordsee und Ostsee bis zu den Ålandinseln. Über bewuchsreichen Böden. **Wissenswertes** Ernährt sich von Würmern, Krebsen, Jungfischen und Fischlaich. Die Eier werden in Klumpen am Grund und an Braunalgenwurzeln abgelegt.

Steinpicker

Agonus cataphractus (unten)

> gepanzerter Kopf
> Schnauze mit vier Stacheln und zwei Bartfäden

Merkmale Bis zu 20 cm lang; Vorderkörper breit und abgeflacht; Schwanz lang, schlank auslaufend; Rumpf und Kopf mit gekielten Knochenplatten gepanzert; Schnauze mit vier Stacheln und zwei Bartfäden; oberseits braun, unterseits weiß. **Vorkommen** Nordsee und westliche Ostsee. Grundfisch auf Weichboden. **Wissenswertes** Frisst Borstenwürmer und kleine Krebstiere.

Schwarzgrundel

Gobius niger (oben)

> kleiner Grundfisch
> Rücken fast schwarz

Merkmale Bis zu 15 cm lang; Rücken fast schwarz, Bauch heller. **Vorkommen** Nordsee bis nördliche Ostsee. Häufiger Fisch, ab 1 m Wassertiefe, zwischen Seegräsern, Algen und auf schlammigem Grund. **Wissenswertes** Ernähren sich von kleinen Bodentieren. Die zwischen Mai und August gelegten Eier werden vom Männchen bewacht.

Zweiflecken- oder Schwimmgrundel

Gobiusculus flavescens (Mitte oben)

> mit zwei schwarzen Flecken
> bildet Schwärme

Merkmale Bis zu 6 cm lang; häufig mit zwei schwarzen Flecken, einem größeren an der Schwanzwurzel und einem etwas kleineren hinter der Brustflosse. **Vorkommen** Nordsee und Ostsee bis zu den Ålandinseln. **Wissenswertes** Bewohnt das Flachwasser der Seegrasregion, oft in großen Schwärmen und dicht unter der Oberfläche frei schwimmend.

Klippenbarsch

Ctenolabrus rupestris (Mitte unten)

> mit zwei Rückenflecken
> lebt zwischen Algen

Merkmale Bis zu 18 cm lang; mit zwei dunklen Flecken auf dem Rücken, einem vorne auf der Rückenflosse und einem oben auf der Schwanzwurzel; Körper rötlich oder bräunlich, Bauch hell. **Vorkommen** Nordsee und westliche Ostsee. In der Algenzone. **Wissenswertes** Ernährt sich von kleinen Krebsen und Würmern. Höchstwahrscheinlich sterben die Elterntiere nach der Laichzeit.

Große Schlangennadel

Entelurus aequoreus (unten)

> sehr schmal und lang
> gold-grünlich mit blauen Bändern

Merkmale Bis zu 60 cm lang; sehr schmal, gold-grünlich mit blauen Querbändern. **Vorkommen** Nordsee bis zu den dänischen Belten und Öresund. In der Algenzone. **Wissenswertes** Maul röhrenförmig verlängert, wirkt beim Fang von Kleintieren wie eine Pipette. Im Gegensatz zu den nahe verwandten Seenadeln besitzen die erwachsenen Schlangennadeln weder Brust- noch Schwanzflossen, bei den Jungtieren sind sie jedoch vorhanden. Die Weibchen der Großen Schlangennadel erzeugen bis zu 1000 Eier, die in den Sommermonaten auf die Bauchseiten mehrerer Männchen übertragen werden. Diese bleiben dann bis zum Ausschlüpfen der Jungtiere an ihnen festgeheftet. Die frisch geschlüpften Larven leben zunächst im freien Wasser und gehen erst später bei einer Länge von 9 mm zum Grundleben über. Nach etwa einem Jahr sind sie geschlechtsreif. Schlangennadeln werden als Köderfische verwendet.

Laubfrosch

Hyla arborea (oben)

> grasgrün
> heute selten

Merkmale Männchen und Weibchen bis 4,5 cm groß; Oberseite glatt, einfarbig grasgrün glänzend, manchmal auch gelb oder hellgrau; Bauchseite einfarbig weißlich, schwarzer Flankenstreif; Pupille waagerecht oval; Haftscheiben an Zehen- und Fingerspitzen zum Klettern. **Vorkommen** Waldränder, feuchte Wiesen, Sümpfe, Röhricht. Ursprünglich im Tief- und Hügelland weit verbreitet, heute meist nur noch inselartige Vorkommen. **Wissenswertes** Schallblase nur beim Männchen ausgeprägt, auch außerhalb der Paarungszeit mit bräunlicher, faltiger Kehle.

Erdkröte

Bufo bufo (Mitte links)

> große, kräftige Kröte
> laicht immer im selben Gewässer

Merkmale Plumpe, sehr kräftig gebaute große Kröten. Weibchen werden bis zu 15 cm, Männchen bis 8 cm groß; braun, dunkelbraun oder grau gefärbt, Rücken- und Bauchseite unregelmäßig dunkel getupft; Körper von Warzen bedeckt. **Vorkommen** Weit verbreitet in Wäldern, an Ufern von Teichen und Flüssen, im Brackwasser der Küsten. **Wissenswertes** Laicht in dem Gewässer, in dem sie aufgewachsen ist. Aus den Eiern schlüpfen Kaulquappen, die sich zu Jungkröten weiterentwickeln.

Kreuzotter

Vipera berus (Mitte rechs)

> Oberseite mit Zickzackmuster
> tötet mit Gift

Merkmale Körper mäßig gedrungen, kurzer Schwanz; bis zu 90 cm lang, meist jedoch nur 50–60 cm, Weibchen größer als Männchen; Kopf gut abgesetzt mit senkrechten Pupillen; der Schwanz endet in einer hornigen Spitze; Rückenschuppen deutlich gekielt; Farbe der Oberseite hell- bis dunkelbraun und schwarz mit Zickzackmuster. **Vorkommen** Besiedelt ein breites Spektrum an Biotopen, in weiten Teilen Europas verbreitet. **Wissenswertes** Kreuzottern sind meist tagaktiv und ernähren sich v. a. von Kleinsäugern, Fröschen und Eidechsen. Sie töten ihre Beute durch Gift.

Ringelnatter

Natrix natrix (unten)

> dunkle Längsstreifen
> harmlos

Merkmale Rotbraun bis olivfarben mit dunklen Längsstreifen, bis zu 1 m lang; am Nacken zwei gelblich weiße halbmondartige Flecken; Körperunterseite gräulich, mit einigen schwarzen Flecken; ovaler Kopf mit großen Augen und runden Pupillen; Schwanz spitz ausgezogen; Rückenschuppen gekielt. **Vorkommen** Kleine Tümpel, Weiher, Feuchtwiesen, sehr langsam fließende Gewässer. An der Ostsee selten. **Wissenswertes** Ringelnattern sind völlig harmlos. Sie ernähren sich von Fröschen, Molchen, selten von Kleinsäugern.

Haubentaucher

Podiceps cristatus (oben)

> auffälliger Federschopf
> taucht nach Fischen und Kleintieren

Merkmale 48 cm lang; Männchen im Brutkleid mit auffälligem Federschmuck an Kopf und Hals, im Ruhekleid dunkle Kopfplatte mit etwas verlängertem Federschopf; Gesicht und Hals hell, über dem Auge weiß. Liegt tief im Wasser. **Vorkommen** Im Frühjahr und Herbst auf Buchten und Bodden, weniger auf der freien See. Vereinzelt auch im Winter. **Wissenswertes** Eindrucksvolle Balzspiele im Frühjahr: Dabei schwimmen die Partner häufig mit gesträubtem Kopf- und Halsschmuck Brust an Brust und schütteln ihre Köpfe.

Rothalstaucher

Podiceps griseigena (Mitte links)

> im Brutkleid mit rotem Hals
> ähnlich Haubentaucher

Merkmale 43 cm lang; etwas kleiner als Haubentaucher, Hals kürzer und gedrungener; Männchen im Brutkleid mit rostrotem Hals, weißlichen Wangen und dunkler Kopfplatte; im Ruhekleid sehr ähnlich dem Haubentaucher, aber ohne weißlichen Überaugenstreif und mit grauem Hals. **Vorkommen** Im Frühjahr und Spätsommer auf Buchten und Bodden, gelegentlich auch im Winter. **Wissenswertes** Bei der Balz lautes, pferdeartiges Wiehern »uööh«. Bei uns seltener Brutvogel.

Schwarzhalstaucher

Podiceps nigricollis (Mitte rechts)

> schwarzer Hals und Rücken
> an der Küste vereinzelt

Merkmale 30 cm lang; Männchen im Brutkleid mit schwarzem Kopf mit goldbraunen Federbüscheln in der Ohrengegend, Hals und Rücken schwarz, Flanken rostrot; im Ruhekleid schwarze Kopfkappe, dunkler Rücken. **Vorkommen** Brutvogel nur im Binnenland, an der Küste vereinzelt außerhalb der Brutzeit. **Wissenswertes** Ernährt sich von Wasserinsekten, Schnecken, Kleinkrebsen und Kaulquappen. Baut ein schwimmendes Nest im Uferbereich von Teichen und Seen.

Kormoran

Phalacrocorax carbo (unten)

> schwarzer Tauchvogel
> fängt Fische

Merkmale 91 cm lang; schwarzer Wasservogel mit weißem Kinn und weißen Wangen, Schnabelspitze mit Haken; Jungtiere mit bräunlicher Ober- und weißlicher Unterseite. **Vorkommen** Brütet an wenigen Stellen der südlichen Ostseeküste. Im Frühjahr und v. a. im Spätsommer und Herbst häufig auf flachen Meeresbuchten. **Wissenswertes** Fängt Fische, ausgezeichneter Taucher. Beim Schwimmen liegt der Körper tief im Wasser, der Kopf wird schräg nach oben gehalten. Kormorane sitzen gern mit halb ausgebreiteten Flügeln an Land oder auf Pfählen .

Graureiher

Ardea cinerea (oben)

› großer Vogel mit langen Beinen
› fängt Fische

Merkmale 91 cm lang; großer Vogel mit langem, weißem Hals und langen Beinen; Gefieder grau, schwarzer Streif über dem Auge, der sich in zwei langen Schmuckfedern im Nacken fortsetzt; langer, spitzer Schnabel. Fliegt mit langsamen, wuchtigen Flügelschlägen und S-förmig eingezogenem Hals. **Vorkommen** Brütet kolonieweise in einigen Wäldern in der Nähe flacher Meeresbuchten. Zur Zugzeit vielerorts anzutreffen. Im Winter nicht so zahlreich. **Wissenswertes** Fänt Fische, aber auch Kleinsäuger, Frösche, Würmer. Steht oft unbeweglich am Ufer oder schreitet mit weit vorgestrecktem Hals durch das Flachwasser und lauert dort auf Fische.

Höckerschwan

Cygnus olor (Mitte)

› Schwimmvogel
› Schnabel mit Höcker

Merkmale 152 cm lang; größter und schwerster Schwimmvogel; Gefieder ganz weiß, Schnabel rötlich mit schwarzem Grund, deutlicher Schnabelhöcker; Hals S-förmig, lang; Jungvögel graubraun mit grauem Schnabel ohne Schnabelhöcker. **Vorkommen** Brütet selten direkt an der Küste. Im Herbst und Frühjahr oft zahlreich auf flachen Meeresgebieten. Im Winter selten. Oft verwildert auf Seen und Parkteichen. **Wissenswertes** Ernährt sich von Pflanzen. Fliegt mit weit ausgestrecktem Hals und kraftvollen Flügelschlägen, dabei hört man ein deutliches Schwingenpfeifen.

Kanadagans

Branta canadensis (unten links)

› schwarzer Kopf und helle Brust
› stammt aus Nordamerika

Merkmale 91–102 cm lang; größte Gans im Gebiet der Ostsee mit schwarzem Kopf und Hals, die sich scharf von der hellen Brust absetzen; großer, weißer Wangenfleck; Rücken und Flügel braun. **Vorkommen** Flache Buchten, Bodden und Haffe, an der Küste Wintergäste aus Schweden. Aus Nordamerika eingebürgert. **Wissenswertes** Frisst Gräser, Klee, Wurzeln, Samen, Saat, Wasserpflanzen und Algen. Bastardisiert manchmal mit der Graugans.

Ringelgans

Branta bernicla (unten rechts)

› kleine, entenartige Gans
› frisst Pflanzen

Merkmale 56–61 cm lang; klein, sehr dunkel, wirkt etwas entenartig, schwarzer Schnabel, schwarze Beine; Hinterteil leuchtend weiß, an den Halsseiten je ein länglicher weißer Fleck. Bei uns gibt es zwei verschiedene Rassen, eine hellbäuchige und eine (häufigere) dunkelbäuchige. **Vorkommen** Nur im Winterhalbjahr ab Oktober, oft bis weit in das Frühjahr hinein. **Wissenswertes** Frisst Seegräser, Grünalgen, Gras und Saat.

Brandgans

Tadorna tadorna (oben links)

> kontrastreiches Gefieder
> Brutvogel an Nord- und Ostseeküste

Merkmale 61 cm lang; groß; charakteristische kontrastreiche Gefiederfärbung: Kopf und Hals schwarzgrün, Brust und Vorderrücken mit breiter rostroter Binde, übriger Körper schwarzweiß; im Flug auffallender weißer Vorderflügel; Schnabel rot, beim Männchen mit Höcker; Jungtiere oben graubraun, ohne rostrote Brustbinde. **Vorkommen** Brutvogel an Nord- und Ostseeküste. **Wissenswertes** Nistet in alten Kaninchenbauten, Löchern in Dämmen, unter Gebäuden oder in Höhlen.

Stockente

Anas platyrhynchos (oben rechts)

> bekannteste Schwimmente
> weit verbreitet

Merkmale 58 cm lang; größte Schwimmente, Stammform vieler Hausentenformen; Männchen im Brutkleid mit flaschengrünem Kopf und Hals, weißem Halsring, rotbrauner Brust; Weibchen tarnfarben graubraun, mit blauen, vorn und hinten weiß eingefassten Flügelspiegeln. **Vorkommen** Brütet an stehenden und nicht zu schnell fließenden Gewässern. Im Herbst und Frühjahr oft in Schwärmen auf Buchten und Bodden, aber auch auf der freien See. Auch im Winter überall anzutreffen. **Wissenswertes** Häufig als halbzahmer Parkvogel mitten in der Großstadt anzutreffen.

Spießente

Anas acuta (Mitte)

> spitzer Schwanz
> beim Durchzug auf Küstengewässern

Merkmale 56 cm lang; auffallende Kopf- und Halsfärbung, langer, spitzer Schwanz beim Männchens; Weibchen ähnlich Stockente, aber schlanker und graziler, mit spitzem Schwanz und kleinem grauen Schnabel; Männchen im Ruhekleid ähnlich Weibchen, aber dunklere Oberseite. **Vorkommen** Seltener Brutvogel. Zur Zugzeit v. a. auf Buchten und Bodden. Im Winter vereinzelt auf der westlichen Ostsee. **Wissenswertes** Brütet an flachen Seen in Moorlandschaft des nordischen Nadelwaldes und der Tundra.

Pfeifente

Anas penelope (unten)

> hohe Stirn und kurzer Schnabel
> Durchzügler und Wintergast

Merkmale 46 cm lang; hohe Stirn, kurzer Schnabel; Männchen im Brutkleid mit rahmfarbenem Scheitel und rotbraunem Kopf, Brust rosenholzfarben, weiße Schulterflecken; Weibchen tarnfarben rostbraun. Im Flug fallen die langen Flügel, der spitze Schwanz und der scharf abgesetzte weiße Bauch auf. **Vorkommen** Seltener Brutvogel; regelmäßiger Durchzügler im Herbst und Frühjahr sowie Wintergast an der Nord- und Ostseeküste, v. a. auf Buchten, Bodden und Haffen, oft sehr zahlreich. **Wissenswertes** Frisst Seegras, Kräuter, Algen. Das Mänchen ruft pfeifend »huiuuh«.

Krickente

Anas crecca (oben)

> **› sehr kleine Ente**
> **› grüner Flügelspiegel**

Merkmale 38 cm lang; sehr kleine Ente mit grünem Flügelspiegel; Männchen im Brutkleid mit dunkelbraunem Kopf mit grüner Seitenzeichnung, an den Seiten des Hinterendes gelbes, schwarz umrahmtes Dreieck; Weibchen gelblich braun gefleckt mit schwarzgrauem Schnabel; sehr gewandter und schneller Flieger. **Vorkommen** Seltener Brutvogel; im Frühjahr, Spätsommer und Herbst häufig auf Buchten und Bodden. **Wissenswertes** Brütet an flachen Binnenseen mit dicht bewachsenen Uferzonen, auf kleinen Moor- und Waldseen, aber auch im Bergland. Ernährt sich von Wasserpflanzen, Samen, Muscheln, Schnecken und Insektenlarven. Sucht meist im flachen Wasser gründelnd oder auch im lockeren Schlamm nach Nahrung. Ruft unverkennbar »krrück«.

Löffelente

Anas clypeata (Mitte)

> **› langer, löffelförmiger Schnabel**
> **› seiht Nahrung von der Wasseroberfläche**

Merkmale 51 cm lang; typisch ist der auffallend lange, löffelförmig verbreiterte Schnabel, den man auch von weitem gut sieht; Männchen im Brutkleid mit flaschengrünem Kopf, schneeweißer Brust und blauem Oberflügel, der besonders im Fluge auffällt, rostbrauner Bauch und Flanken; Weibchen ähnlich wie Stockentenweibchen gefärbt; typische Schwimmform: Vorderkörper tief eingesunken, der Schnabel wird abwärts gehalten. **Vorkommen** Seltener Brutvogel; außerhalb der Brutzeit auf den flachen Teilen der Ostsee; nie in großen Scharen. **Wissenswertes** Brütet auf nahrungsreichen, flachen und nicht zu großen Seen des Tieflands, deren Ufer mit Binsen, Seggen oder Schilf bewachsen sind, auch in Sumpfgebieten mit kleinen, offenen Wasserflächen. Nest gut versteckt am Ufer. Seiht kleine Nahrungspartikel (Samen, Kleinkrebse, Insekten) von der Wasseroberfläche.

Reiherente

Aythya fuligula (unten)

> **› mit Federschopf**
> **› auf Buchten, Bodden und Haffen**

Merkmale 43 cm lang; Männchen im Brutkleid schwarz bis auf die weißen Flanken und den weißen Bauch, am Kopf herabhängender langer Federschopf; Weibchen dunkelbraun, Bauch und Flanken hell, am Kopf kurzer Federschopf, oft kaum zu erkennen; im Flug ist das weiße Flügelband zu sehen. **Vorkommen** Brütet nur an wenigen Stellen der Küste. Im Sommer vereinzelt, im übrigen Jahr zahlreich auf Buchten, Bodden und Haffen. Öfters sehr große Schwärme, bei länger anhaltendem Frost auch auf der offenen See. **Wissenswertes** Ernährt sich von Muscheln, Schnecken, Insektenlarven und Samen von Wasserpflanzen. Im Winter auch futterzahm auf Parkteichen mitten in der Großstadt.

Tafelente

Aythya ferina (oben)

> Männchen kontrastreich gefärbt
> Weibchen dunkelbraun

Merkmale 46 cm lang; Männchen kontrastreich silbergrau, schwarz und kastanienbraun gefärbt; Weibchen dunkelbraun, Schnabel schwärzlich mit schmaler, heller Schrägbinde. **Vorkommen** Im Winterhalbjahr in flachen Meeresgebieten; im Sommer selten. **Wissenswertes** Frisst Wasserpflanzen, Schnecken, Insektenlarven; im Winter Muscheln und Getreide. Brütet auf nährstoffreichen Binnengewässern mit großer freier Wasserfläche und gut ausgebildeter Schilfzone.

Eiderente

Somateria mollissima (Mitte links)

> charakteristischer Schnabel
> taucht nach Muscheln

Merkmale 58 cm lang; großer, kräftiger Schnabel, geht ohne Absatz in den Kopf über; Männchen im Brutkleid an Kopf, Hals und Rücken reinweiß, schwarzer Scheitel und hell moosgrüner Nacken, Brust gelblich, Bauch und Schwanz schwarz; im Flug sehr kontrastreich schwarz und weiß. Weibchen braun mit dunkler Bänderung. **Vorkommen** Brütet an der Nordseeküste und auf vorgelagerten Inseln. An Nord- und Ostsee, v. a. an der westlichen Ostsee, große Mauser- und Winterbestände. **Wissenswertes** Taucht im Meer nach Muscheln. Polstert das Nest mit Daunenfedern (Eiderdaunen!).

Eisente

Clangula hyemalis (Mitte rechts)

> Männchen mit langen Schwanzspießen
> auf offener See

Merkmale 41 cm lang (ohne Schwanzspieße); Männchen mit langen Schwanzspießen, im Prachtkleid (Winter) überwiegend weiß mit braunem Ohrfleck und dunkelbrauner Brust, Flügel braun, weißer Kopf und Hals, dunkler Wangenfleck, Brust und Rücken dunkelbraun, übriger Körper weiß; Weibchen im Winter hell mit dunkler Stirn und dunklem Ohrfleck. **Vorkommen** Typische Art der offenen See. Von Herbst bis Frühjahr an der ganzen Küste häufig. **Wissenswertes** Frisst im Winter Muscheln, Kleinkrebse und Würmer. Wintergast an der Ostsee, viel seltener an der Nordsee.

Mittelsäger

Mergus serrator (unten)

> mit Federschopf
> taucht nach Fischen

Merkmale 58 cm lang; zweigeteilter, abstehender Federschopf am Hinterkopf. Männchen im Brutkleid mit schwarzgrünem Kopf, von der rostbraunen Brust durch ein breites weißes Halsband getrennt, Schnabel und Füße rot; Weibchen mit braunem Kopf und Oberhals, Oberseite und Flanken graubraun, weißer Flügelspiegel mit schwarzem Querstrich. **Vorkommen** Seltener Brutvogel an der Ostsee. Im Winterhalbjahr, v. a. zu den Zugzeiten, überall recht häufig. **Wissenswertes** Erbeutet Fische und Krebstiere.

Gänsesäger

Mergus merganser (oben)

> roter Schnabel mit Haken
> im Winter oft zahlreich

Merkmale 66 cm lang; größter und häufigster Säger Europas; langer, schmaler, roter Schnabel mit Haken an der Spitze; Männchen überwiegend weiß, auf der Unterseite mit lachsrotem Anflug, Kopf schwarzgrün, Rücken schwarz, im Ruhekleid ähnlich Weibchen; dieses ist überwiegend grau mit tiefbraunem Kopf und Vorderhals. **Vorkommen** Seltener Brutvogel an der Küste. Im Winterhalbjahr oft zahlreich auf Buchten und Bodden. Bei starker Kälte ziehen die Tiere nach Westen, dann auch auf der offenen See. **Wissenswertes** Fängt Fische, manchmal auch Krebstiere. Brütet an fischreichen Gewässern in Waldgebieten bis in die Tundra.

Teichhuhn

Gallinula chloropus (Mitte links)

> roter Schnabel mit gelber Spitze
> grüne Beine

Merkmale 35 cm lang; Schnabel rot mit gelber Spitze, rotes Stirnschild; Beine und die sehr langen Zehen grün; zuckt ständig mit dem Schwanz, dabei leuchten die schneeweißen Unterschwanzdecken auf. **Vorkommen** Auf flachen Meeresbuchten und Bodden sowie auf Gewässern im Binnenland. **Wissenswertes** Frisst Samen, Triebe, Würmer, Insekten. Brütet auch an dicht bewachsenen Bächen und Parkgewässern mitten in der Stadt.

Blässhuhn

Fulica atra (Mitte rechts)

> schwarzer Wasservogel
> weißer Schnabel

Merkmale 38 cm lang; schwarzer rundlicher Wasservogel mit weißer Stirnblesse, weißer Schnabel, Zehen mit Schwimmlappen. **Vorkommen** Kein Brutvogel der Küste, brütet aber an geschützten Boddenrändern. Von Spätsommer bis Frühjahr oft in großen Scharen auf den flachen Meeresbuchten, bei länger anhaltendem Frost auch auf der offenen See. Auch an Seen, Teichen, Flüssen weit verbreitet. **Wissenswertes** Frisst Wasserpflanzen, Gras, Muscheln, Schnecken, Würmer, Insekten. Gründelt nicht, taucht oft, aber nur ganz kurz. Läuft beim Auffliegen platschend übers Wasser.

Austernfischer

Haematopus ostralegus (unten)

> schwarz-weißer Strandvogel
> roter Schnabel, rote Beine

Merkmale 43 cm lang; großer schwarzweiß gefärbter Strandvogel mit langem, rotem Schnabel und roten Beinen; im Winterkleid mit weißem Kehlband; im Flug breite weiße Flügelbinde und weißer Bürzel sichtbar. **Vorkommen** Brüten v. a. an Sand- und Kiesstränden an Nord- und Ostseeküste. Auch auf Wiesen und Weiden in Küstennähe. **Wissenswertes** Frisst Muscheln, Schnecken, Krebse, Würmer und Insekten. Durch sein Aussehen und die laute Stimme Charaktervogel vieler Küsten.

Säbelschnäbler

Recurvirostra avosetta (oben)

> langer, aufwärts gebogener Schnabel
> Gefieder schwarz und weiß

Merkmale 43 cm lang; langer, deutlich aufwärts gebogener Schnabel; kontrastreiches schwarzweißes Gefieder und lange, blaugraue Beine. **Vorkommen** An Brackwasserseen, Salzwiesen und Strandbereichen, Flussmündungen, Sandbänken und freien Schlammflächen. Brutvogel von Ostpreußen bis zur Rheinmündung; Wintergast in West- und Südeuropa. **Wissenswertes** Nach einer Brutzeit von drei bis vier Wochen schlüpfen aus den Eiern kleine Küken, die bereits einen aufwärts gebogenen Schnabel tragen und sehr schnell das Nest verlassen. Die Elterntiere verteidigen Gelege und Küken aggressiv, selbst gegenüber nesträubernden Silber- und Mantelmöwen. Säbelschnäbler suchen ihre Nahrung im Flachwasser mit seitlichen Pendelbewegungen von Kopf und Schnabel. Sie ernähren sich von Würmern, Insekten und Kleinkrebsen.

Kiebitzregenpfeifer

Pluvialis squatarola (Mitte)

> ähnlich Goldregenpfeifer
> Oberseite silbergrau

Merkmale 28 cm lang; ähnlich Goldregenpfeifer, aber oben nicht goldgelb, sondern silbergrau, im Fluge sehr auffallender schwarzer Achselfleck; Männchen im Brutkleid mit ganz schwarzem Unterkörper. **Vorkommen** Durchzügler im Herbst, selten im Frühjahr. Mehr an die Küste gebunden als der Goldregenpfeifer. **Wissenswertes** Der typische Ruf ist oft schon von weitem zu hören, ruft im Flug häufig »pli-ö-ih« oder »tli-e-ii«, die mittlere Silbe ist jeweils am tiefsten. Brütet in der arktischen Flechtentundra.

Goldregenpfeifer

Pluvialis apricaria (unten)

> oberseits goldgelb gefleckt
> Durchzügler

Merkmale 28 cm lang; charakteristische dunkle, goldgelb gefleckte Oberseite; Männchen im Brutkleid mit schwarzer Unterseite, im Ruhekleid weißlich. Vom Kiebitzregenpfeifer im Ruhekleid nicht leicht zu unterscheiden. Hauptunterschiede sind der zartere Schnabel, der aufrechte Gang und die hellen Unterflügelachsen, die nur im Flug sichtbar werden. **Vorkommen** Regelmäßiger Durchzügler vor allem im Spätsommer und Herbst. Oft in größeren Trupps auf Feldern und Wiesen. Ein wichtiger Rastplatz auf ihrem Durchzug sind die Marschlande, Salzwiesen und Wattengebiete an der deutschen Nordseeküste, wo sie zuweilen in großen Schwärmen einfallen. Im Flug haben ziehende Schwärme eine deutliche V- oder Keilform. **Wissenswertes** Ernährt sich von Insekten, Würmern und Schnecken. Brütet auf der feuchten Bergtundra des skandinavischen Fjälls und in ausgedehnten Mooren der Nadelwaldzone, in Mitteleuropa nur auf Hochmooren. Ruft im Brutgebiet wehmütig klagend »dlü-i-vieh«.

Sandregenpfeifer

Charadrius hiaticula (oben)

> schwarzes Kropf- und weißes Halsband
> brütet an Stränden

Merkmale 19 cm lang; Oberkopf und Oberseite sandbraun; Unterseite weiß mit breitem, schwarzem Kropfband und weißem Halsband; Schnabel orangegelb mit schwarzer Spitze; Beine ebenfalls orangegelb; im Flug deutliche weiße Flügelbinde. **Vorkommen** Brütet auf Kies- und Sandstränden an Nord- und Ostseeküste. Auch während der Zugzeit im Frühjahr und Spätsommer bis Herbst nicht selten. **Wissenswertes** Ernährt sich von Insekten, Muscheln, Schnecken, Würmern. Strandvögel, die mit sehr schnellen Schritten über den Sand »rollen« und häufig ruckartig stehen bleiben. Als Strandbrüter sind sie durch die zunehmende touristische Nutzung von Strand- und Dünengebieten gefährdet. Das Nest, eine sehr flache Bodenmulde, wird meist auf Sandboden angelegt. Trupps fliegen sehr rasant und vollführen schnelle Wendungen.

Kiebitz

Vanellus vanellus (Mitte)

> Federschweif am Kopf
> brütet auf Wiesen und Weiden

Merkmale 30 cm lang; charakteristischer Federschweif am Kopf, Oberseite schwarzgrün, Brust schwarz, Unterseite weiß, im Flug breite, runde Flügel. **Vorkommen** Häufiger Brutvogel auf Wiesen und Weiden; bei uns weit verbreitet, am häufigsten an der Küste, im Herbst oft in großen Schwärmen. **Wissenswertes** Ernährt sich von Insekten, Würmern, Samen und Früchten. Im Frühjahr sieht man häufig den taumelnden Balzflug über dem Brutrevier. Das Bodennest ist mit wenig trockenem Pflanzenmaterial ausgelegt und befindet sich meist etwas erhöht auf trockenem Untergrund.

Alpenstrandläufer

Calidris alpina (unten)

> häufigster Strandläufer Europas
> Durchzügler

Merkmale Knapp 18 cm lang; häufigster Strandläufer Europas; Schnabel relativ lang, an der Spitze etwas abwärts gebogen; Männchen im Brutkleid mit großem schwarzen Bauchfleck, im Ruhekleid überwiegend braungrau; im Flug schmale, deutliche Flügelbinde und dunkle Bürzelmitte. **Vorkommen** Seltener Brutvogel auf Strandwiesen; häufigste durchziehende Strandläuferart (Frühjahr und vor allem Spätsommer und Herbst). **Wissenswertes** Große Scharen fliegen oft in länglichen Pulks mit ausgezogener Spitze. Außerhalb der Brutzeit oft in riesigen Scharen auf Schlickflächen an der Küste, in kleinen Trupps auch im Binnenland. Am Strand und im Watt stochern sie mit ihrem Schnabel, der mit empfindlichen Sinneszellen ausgestattet ist, nach kleinen Würmern, Krebsen und Schnecken. Der Flug der Alpenstrandläufer ist schnell und gewandt, häufig beschreiben sie dabei Zickzacklinien. Fliegen auf dem Zug in großen Schwärmen.

Knutt

Calidris canutus (oben)

> gedrungener, kurzbeiniger Strandläufer
> bildet dichte Schwärme

Merkmale 25 cm lang; etwa drosselgroßer, gedrungener, kurzbeiniger Strandläufer mit kurzem Schnabel; Männchen im Brutkleid überwiegend rostbraun gefärbt, Oberseite grob hell und schwärzlich gemustert, im Ruhekleid schlicht mit hellgrauer Ober- und weißlicher Unterseite. **Vorkommen** Oft recht zahlreicher Durchzügler im Spätsommer und Herbst, selten im Frühjahr. **Wissenswertes** Bildet riesige, dichte Schwärme (»Wolken«) im Flug. Ernährt sich auf dem Zug hauptsächlich von kleinen Muscheln, Schnecken und Krebsen. Brütet in der Moos- und Flechtentundra Grönlands. Außerhalb der Brutzeit meist im Wattenmeer; häufig an der Nordseeküste, seltener und in kleineren Trupps an der Ostsee; wenige Trupps überwintern an der Nordsee.

Zwergstrandläufer

Calidris minuta (Mitte)

> kleiner Strandvogel
> Durchzügler

Merkmale Knapp 14 cm lang; kleiner, zierlicher Strandvogel mit kurzem schwarzen Schnabel und schwarzen Beinen; Männchen im Brutkleid mit rot-braun-schwarz gefleckter Oberseite und einem undeutlichen weißen V auf dem Rücken, im Ruhekleid Oberseite mehr grau. **Vorkommen** Regelmäßiger Durchzügler im Spätsommer und Herbst. **Wissenswertes** Ernährt sich von Insekten, kleinen Würmern, Schnecken und Samen. Trippelt bei der Nahrungssuche hektisch umher. Hält sich meistens auf vegetationslosen Schlamm- und Schlickflächen auf, oft mit Alpenstrandläufern vergesellschaftet. Brutvogel in den Tundren der Arktis, das Brutgeschäft übernehmen hauptsächlich die Männchen. Sehr ähnlich ist der seltenere und nur wenig größere Temminckstrandläufer *(C. temmincki)*. Er unterscheidet sich durch die grünen Beine und die einheitlichere Färbung der Oberseite. Die weiße V-Zeichnung auf dem Rücken fehlt ihm. Überwinterungs- und Brutgebiete wie Zwergstrandläufer.

Sanderling

Calidris alba (unten)

> im Brutkleid oberseits rostbraun
> helles Ruhekleid

Merkmale 20 cm lang; kleiner Strandläufer mit geradem schwarzen Schnabel und schwarzen Beinen; Männchen im Brutkleid an Oberseite, Kopf und Brust rostbraun mit dunkler Musterung und weißem Bauch, im Ruhekleid sehr hell, fast weiß; im Flug auffällige, breite weiße Flügelbinde. **Vorkommen** Durchzügler im Herbst. **Wissenswertes** Frisst Insekten, kleine Krebse, Würmer und Schnecken. Sanderlinge laufen oft mit sehr schnellen Trippelschritten unmittelbar an der Wasserlinie entlang. Vor den anlaufenden Wellen weichen sie landwärts aus. Brüten in der spärlich bewachsenen Flechtentundra.

Kampfläufer

Philomachus pugnax (oben links und rechts)

> Männchen im Brutkleid mit bunter Halskrause

Merkmale 29 cm lang; Männchen im Brutkleid (links) unverkennbar durch große, sehr bunt gefärbte Halskrause und Ohrbüschel; Weibchen unauffällig, sandfarben, oberseits mit Schuppenmuster (links); im Flug sind die schmale Flügelbinde und die an der Basis weißen Schwanzkanten zu sehen. **Vorkommen** Seltener Brutvogel auf Wiesen. Auf dem Durchzug regelmäßig zu sehen. **Wissenswertes** Frisst Wasserinsekten, Schnecken, Muscheln, Würmer und Pflanzen. Brütet in weiten Mooren, auf Feuchtwiesen und auf Heideflächen. Eindrucksvoll ist die Balz der Männchen im Frühjahr. Rückgang durch Zerstörung und Entwässerung der Brutbiotope.

Meeresstrandläufer

Calidris maritima (Mitte links)

> wirkt gedrungen
> bevorzugt steinige Küsten

Merkmale 21 cm lang; wirkt gedrungen; Männchen im Brutkleid mit schwärzlichem, rostbraun und weißlich gemustertem Rücken, im Ruhekleid überwiegend dunkel braungrau, Bauch hell, Beine blass orange; wirkt auch im Flug sehr dunkel; Schwanzseiten an der Basis weiß, schmale Flügelbinde. **Vorkommen** Vereinzelt und unregelmäßig von Herbst bis Frühjahr, bevorzugt steinige Küsten, auch auf Steinbuhnen oder Molen. **Wissenswertes** Frisst Insekten, Schnecken, Krebstiere und Pflanzen. Sieht in der Tarntracht aus wie ein »lebendig gewordener« dunkler Stein.

Bekassine

Gallinago gallinago (Mitte rechts)

> Schnabel sehr lang
> fliegt schnell, zickzackartig

Merkmale 27 cm lang; sehr langer Schnabel; Rücken bräunlich mit schwärzlichen Flecken und gelblichen Längsstreifen, Scheitel mit zwei dunklen Längsstreifen. **Vorkommen** Seltener Brutvogel. Regelmäßiger Durchzügler im Frühjahr und Herbst, seltener Wintergast. **Wissenswertes** Brütet auf Mooren und Feuchtwiesen; starker Rückgang durch Zerstörung des Lebensraums. Schneller, zickzackartiger Flug.

Uferschnepfe

Limosa limosa (unten)

> rötlicher langer Schnabel
> im Brutkleid rostbraune Brust
> Ruhekleid grau

Merkmale 41 cm lang; Schnabel sehr lang, rötlich mit schwarzer Spitze; Männchen im Brutkleid mit rostbraunem Kopf und Brust, im Ruhekleid grau statt rostbraun; im Flug breites weißes Flügelband. **Vorkommen** Seltener Brutvogel und Durchzügler. **Wissenswertes** Bei uns brüten die Uferschnepfen vorwiegend auf Feuchtwiesen mit extensiver Nutzung. Wie die Bekassienen ebenfalls von Entwässerung und Umwandlung der Wiesen in Ackerland betroffen.

Pfuhlschnepfe

Limosa lapponica (oben)

> Schnabel aufwärts gebogen
> Durchzügler

Merkmale 38 cm lang; sehr langer, leicht aufwärts gebogener Schnabel; Männchen im Brutkleid an Kopf, Brust und Bauch rostbraun; Schwanz eng quer gebändert. **Vorkommen** Regelmäßiger, in manchen Jahren recht zahlreicher Durchzügler, v. a. im Sommer und Herbst. **Wissenswertes** Zur Zugzeit scharen sich die Pfuhlschnepfen meist zu kleinen Trupps zusammen und rasten in unmittelbarer Nähe des Wassers. Der Schnabel des Weibchens ist deutlich länger als der des Männchens.

Großer Brachvogel

Numenius arquata (Mitte)

> sehr groß
> Schnabel lang, stark abwärts gebogen

Merkmale 53–58 cm lang; größter Watvogel Europas; langer, stark abwärts gebogener Schnabel, lange Beine; braunes, dunkel geflecktes Gefieder. **Vorkommen** Seltener Brutvogel. Auf dem Durchzug vor allem im Herbst zu sehen, aber auch im Winter. **Wissenswertes** Frisst Insekten, Muscheln, Schnecken und Krebstiere. Wie bei der Pfuhschnepfe unterscheiden sich die Geschlechter deutlich am Schnabel: Der des Weibchens ist länger und im vorderen Drittel an der Spitze mehr gebogen.

Bruchwasserläufer

Tringa glareola (unten links)

> klein
> weiß gefleckte Oberseite

Merkmale 20 cm lang; kleiner als die übrigen Wasserläufer; dunkelbraune, dicht weiß gefleckte Oberseite, Unterseite hell; Kopf, Hals und Brust dunkel gestreift; gelblich grüne Füße; im Flug helle Unterflügel und weißer Bürzel; Schwanzende mit mehreren dünnen dunklen Querstreifen. **Vorkommen** Regelmäßiger Durchzügler im Mai und von Juli bis September. **Wissenswertes** Frisst Insekten, Muscheln und Schnecken. Auf dem Zug in kleinen, lockeren Trupps an der Küste, aber auch auf offenen Schlammflächen, überschwemmten Wiesen und an Altwässern.

Dunkler Wasserläufer

Tringa erythropus (unten rechts)

> Brutkleid überwiegend schwarz
> Ruhekleid graubraun und weiß

Merkmale 30 cm lang; Männchen im Brutkleid überwiegend schwarz, auf der Oberseite fein weiß gemustert; im Ruhekleid oben graubraun, unten weiß; rote Beine, weißer Bürzel und gebänderter Schwanz. **Vorkommen** Seltener, aber regelmäßiger Durchzügler im Spätsommer, selten im Frühjahr. **Wissenswertes** Frisst Wasserinsekten, Kleinkrebse, Würmer und kleine Fische. Ruft beim Abflug und im Flug häufig scharf »tjü-it«. Außer der Brutzeit in kleinen Trupps an flachen Gewässerufern und in Brackwassergebieten der flachen Meeresküste.

Grünschenkel

Tringa nebularia (oben)

> großer, heller Wasserläufer
> grüne Beine
> sucht Nahrung im Flachwasser

Merkmale 30 cm lang; hell, mit langem, leicht aufwärts gebogenem Schnabel und langen grünlichen Beinen; Oberseite bräunlich, Unterseite weiß; im Flug überragen die Beine den Schwanz weit. **Vorkommen** Außerhalb der Brutzeit in kleinen Trupps oder einzeln an flachen Meeresküsten, an Fluss- und Seeufern. **Wissenswertes** Sucht im Seichtwasser nach Nahrung, rennt mit leicht geöffnetem Schnabel hinter kleinen Fischen her oder fängt Beutetiere auf der Wasseroberfläche.

Rotschenkel

Tringa totanus (Mitte)

> auffallend rote Beine
> Brutvogel auf Wiesen

Merkmale 28 cm lang; auffallend leuchtend rote Beine und roter Schnabel mit schwarzer Spitze; Oberseite bräunlich; im Flug erkennbar am weißen Hinterrand des Flügels, außerdem weißer Bürzel und Rücken. **Vorkommen** Häufiger Brutvogel auf Wiesen und in sumpfigen Niederungen an Nord- und Ostseeküste. Auch außerhalb der Brutzeit an Flachküsten und in binnenländischen Feuchtgebieten. **Wissenswertes** Brütet in einem in der Vegetation versteckten Bodennest.

Steinwälzer

Arenaria interpres (unten links)

> auffällig gezeichneter Strandvogel
> sucht Nahrung unter Steinen

Merkmale 23 cm lang; kurzbeiniger Strandvogel mit auffälliger Zeichnung; Männchen im Brutkleid schwarz, weiß und braun gescheckte Oberseite, Kopf, Hals und Brust schwarzweiß, mit breitem, dunklem Brustband; im Ruhekleid oben dunkel, unten hell; im Flug mit breiter, weißer Flügelbinde und weißem Schwanz mit schwarzer Endbinde. **Vorkommen** Durchzügler im Sommer und Herbst, selten im Frühjahr. **Wissenswertes** Dreht bei der Nahrungssuche Steine um. Frisst Muscheln, Schnecken, Würmer und Abfälle. Brütet an steinigen Küsten.

Odinshühnchen

Phalaropus lobatus (unten rechts)

> nadelfeiner Schnabel

Merkmale 18 cm lang; nadelfeiner, schwarzer Schnabel; Männchen im Brutkleid mit leuchtend rostfarbenem Band an den Halsseiten und weißer Kehle, übriges Gefieder grau; im Ruhekleid dunkle, gestreifte Oberseite, Unterseite weiß, mit deutlichem dunklen Augenstreif. **Vorkommen** Seltener Durchzügler im Herbst. **Wissenswertes** Schwimmvögel, drehen sich bei der Nahrungssuche häufig um die eigene Achse, nicken ständig mit dem Kopf und picken schnell links und rechts nach kleinen Insekten, die auf der Wasseroberfläche schwimmen. Fressen auch Krebstiere, Würmer und Schnecken.

Heringsmöwe

Larus fuscus (oben)

› Oberseite schiefergrau
› nicht sehr häufig

Merkmale 53 cm lang; Rücken und Flügeloberseite dunkel schiefergrau, Beine gelb; Jungtiere dunkelbraun gefleckt, mit schwärzlichem Schnabel und bräunlichen Füßen; mit zunehmendem Alter wird die Oberseite dunkler, die Unterseite heller. **Vorkommen** Das ganze Jahr über vorhanden, nicht sehr häufig, oft nur einzeln. **Wissenswertes** Frisst Fische, Krebstiere, Muscheln, Mäuse, Aas, Würmer, Insekten, Jungvögel und Eier. Brütet an flachen Küsten und auf Inseln; mäßig häufiger Brutvogel an der Nordseeküste, an der Ostseeküste nur unregelmäßig brütend.

Sturmmöwe

Larus canus (Mitte links)

› ähnlich Silbermöwe
› kein roter Schnabelfleck

Merkmale 40 cm lang; ähnlich Silbermöwe, aber kleiner; kein roter Schnabelfleck; Füße grünlich. **Vorkommen** Brütet meist in Küstennähe auf Strandwiesen, Moor- und Heideflächen. Ganzjährig an der Küste anzutreffen. **Wissenswertes** Ernährt sich von Würmern, Insekten, Fischen, Pflanzen und Abfällen. Brutkolonien in niedriger Vegetation.

Silbermöwe

Larus argentatus (Mitte rechs)

› ganzjährig an Nord- und Ostseeküste
› fressen auch Abfälle

Merkmale 56 cm lang; Flügel und Rücken blaugrau, schwarzweiße Flügelspitzen; Schwanz und Unterseite weiß; Füße fleischfarben; Schnabel gelb mit rotem Punkt; junge Silbermöwen sind bräunlich gefärbt mit ziemlich dunkel wirkender Oberseite und schmutzig grauweißer Unterseite. **Vorkommen** Brütet auf Strandwiesen, in Dünen, auf Kiesbänken und kleinen Inseln. Ganzjährig an Nord- und Ostseeküsten, im Winter auch auf Müllhalden, folgen oft Schiffen. **Wissenswertes** Frisst Krebse, Muscheln, Schnecken, Seesterne, Fische, Vögel, Eier, Kleinsäuger, Abfall und Aas. Häufigste Großmöwe an der Küste.

Mantelmöwe

Larus marinus (unten)

› sehr groß
› Oberseite schwarz
› Unterseite weiß

Merkmale 74 cm lang; größte im Ostseegebiet vorkommende Möwe; Rücken und Flügel schwarz, Kopf, Schwanz und Unterseite weiß, Schnabel gelb; Füße fleischfarben; Jungvögel bräunlich. **Vorkommen** Kein Brutvogel, an Nord- und Ostseeküste ganzjährig anzutreffen, im Sommer nur geringe Bestände. **Wissenswertes** Frisst Fische, Krebse, Insekten, Jungvögel, Säugetiere, Aas und Abfälle. Die Lebensweise ist mehr räuberisch als bei anderen Möwen, jagt oft anderen Vögeln die Beute ab, überwältigt Seevögel und deren Junge sowie Kaninchen und Nagetiere.

Lachmöwe

Larus ridibundus (oben)

> im Brutkleid brauner Kopf
> im Ruhekleid weißer Kopf

Merkmale 38 cm lang; Männchen im Brutkleid mit schokoladenbrauner Kopfmaske, im Ruhekleid weißer Kopf mit dunklem Ohrfleck; Füße und Schnabel rot; im Flug schlanke, spitze Flügel mit weißem Vorderrand. **Vorkommen** Brütet in oft großen Kolonien, häufig in Schilf- und Seggenbeständen und auf kleinen Inseln. Außerhalb der Brutzeit sehr oft an der Küste und an Binnengewässern. **Wissenswertes** Frisst Würmer, Insekten, Fische, Krebse, Aas und Abfälle. Besonders zur Brutzeit sehr lautes Geschrei wie »kwerr« oder »kwärarr«, im Winter oft »ke-ke-ke«.

Zwergmöwe

Larus minutus (Mitte links)

> sehr klein
> Durchzügler

Merkmale 28 cm lang; kleinste Möwe Europas; Männchen im Brutkleid mit schwarzem Kopf, im Ruhekleid mit dunklem Oberkopfmuster, Flügeloberseite grau; Flügelspitzen abgerundet; Schnabel im Sommer dunkelrot, im Winter schwärzlich; Beine rot. **Vorkommen** Unregelmäßiger Durchzügler. **Wissenswertes** Fängt Insekten, Fische und Krebse. Brütet an flachen und reich bewachsenen Binnenseen, oft mit Lachmöwen zusammen.

Flussseeschwalbe

Sterna hirundo (Mitte rechts)

> gegabelter Schwanz
> Koloniebrüter

Merkmale 35 cm lang; Männchen im Brutkleid roter Schnabel mit dunkler Spitze und schwarze Kopfplatte, stark gegabelter Schwanz, rote Füße, übrige Färbung möwenartig; im Ruhe- und Jugendkleid dunkler Schnabel und weißliche Stirn; im Flug sind die dunklen äußeren Handschwingen auffällig. **Vorkommen** Zur Zugzeit im Frühjahr und Herbst regelmäßig an der gesamten Küste. **Wissenswertes** Fängt kleine Fische, Insektenlarven, Kleinkrebse. Einzige weiße Seeschwalbe, die regelmäßig im Binnenland zu sehen ist. Brütet in Kolonien auf Sandstränden und in Dünen.

Brandseeschwalbe

Sterna sandvicensis (unten)

> langer, schwarzer Schnabel mit gelber Spitze
> Koloniebrüter

Merkmale 40 cm lang; langer schwarzer Schnabel mit gelber Spitze; die schwarze Kopfplatte bildet oft einen Schopf; schwarze Füße; im Ruhekleid Kopfkappe mit weißen Federn durchsetzt und weiße Stirn. **Vorkommen** Brütet in Kolonien auf Sand- und Kiesbänken an der Meeresküste. Regelmäßig auch zur Zugzeit zu sehen. **Wissenswertes** Fängt kleine Fische, Kleinkrebse und Insekten. Mehrere große Brutkolonien an den Küsten Mitteleuropas, bei uns vor allem an der Nordsee. Die Nester sind einfache Mulden, die meist mit nur wenig Nistmaterial ausgelegt sind.

Küstenseeschwalbe

Sterna paradisaea (oben)

> ähnlich Flussseeschwalbe
> zieht fast um die ganze Welt

Merkmale 38 cm lang; ähnelt der Flussseeschwalbe, aber karminroter Schnabel ohne schwärzliche Spitze; die Schwanzspieße sind länger und ragen beim Sitzen deutlich über die Flügelspitzen hinaus. **Vorkommen** Mehrere große Brutkolonien an der Nordseeküste, an der Ostseeküste seltener. **Wissenswertes** Ernährt sich von Fischen und Kleinkrebsen. Brutvogel in Küstenbereichen mit flacher Vegetation, in Nord- und Mitteleuropa, Großbritannien und auf Island; auf dem Zug bewältigen Küstenseeschwalben riesige Entfernungen: Europäische Vögel ziehen bis in die Antarktis und legen dabei Jahr für Jahr über 20 000 Kilometer zurück. Küstenseeschwalben brüten in Bodenkolonien, die Brutmulden werden aggressiv gegenüber jedem Eindringling verteidigt, indem sich die Vögel aus rüttelnder Schwebehaltung senkrecht auf den Eindringling stürzen und kräftig zupicken.

Zwergseeschwalbe

Sterna albifrons (Mitte)

> kleinste Seeschwalbe
> brütet an Sandstränden

Merkmale 20 cm lang; kleinste Seeschwalbe; gelber Schnabel mit schwarzer Spitze; Männchen im Brutkleid mit schwarzer Kopfplatte mit weißer Stirn, im Ruhekleid mit grauem Oberkopf. **Vorkommen** Brütet an Sand- und Kiesstränden, meist in Kolonien. Seltener Brutvogel an Nord- und Ostseeküste. Zur Zugzeit im Frühjahr und Herbst an der ganzen Küste zu sehen, aber nie in größerer Zahl. **Wissenswertes** Fängt kleine Fische, Krebse, Insekten. Im Flug schlanke Flügel und plumper Rumpf. Flügelschlag viel schneller und mehr ruckartig als bei anderen Seeschwalben, rüttelt vor dem Stoßtauchen viel länger. Braucht ungestörte Strandbereiche zum Brüten. Durch zunehmende touristische Nutzung gefährdet.

Trauerseeschwalbe

Chlidonias niger (unten)

> wirkt dunkel
> Durchzügler

Merkmale 24 cm lang; bei Männchen im Brutkleid Rücken und Flügel schiefergrau, übriger Körper schwarz, im Ruhekleid mit weißer Unterseite und dunklem Oberkopf; Jugendkleid ähnlich dem Ruhekleid, aber mit dunkel gemusterter Oberseite. **Vorkommen** Nur auf dem Durchzug an der Küste und an Binnengewässern, v. a. im Spätsommer und Herbst regelmäßig, manchmal in größerer Zahl zu sehen. **Wissenswertes** Ernährt sich von Insekten, Kaulquappen und kleinen Fischen. Wirkt im Flug beinahe wie eine große dunkle Schwalbe. Brütet an flachen und sumpfigen Seen, Teichen und Altwässern mit reichlich vorhandenem Pflanzenwuchs. Bei uns selten und nur im Norden. Die Nester der Kolonie werden meist auf Bülten im Wasser oder schwimmend auf altem Schilf und anderem Material angelegt.

Bachstelze

Motacilla alba (oben)

> wippt ständig mit langem Schwanz
> Kulturfolger

Merkmale Knapp 18 cm lang; typisch ist der lange schwarze Schwanz mit weißen Außenkanten, mit dem der Vogel ständig wippt; Gefieder schwarzweiß und grau gezeichnet; Weibchen weniger kontrastreich und mit weniger Schwarz am Oberkopf als Männchen. **Vorkommen** Überall häufig in offenem Kulturland, besonders in Wassernähe. Brütet als Kulturfolger in Dörfern und Städten. Zur Zugzeit im Frühjahr und Herbst häufig direkt am Strand oder auf Äckern. **Wissenswertes** Frisst Insekten, Würmer und Schnecken, im Winter auch Samen. Fängt häufig Insekten im kurzen Jagdflug. Läuft mit schnellen Trippelschritten am Boden und macht dabei rhythmische Kopfbewegungen.

Schafstelze

Motacilla flava (Mitte)

> gelbe Unterseite
> Brutvogel auf Feuchtwiesen und Weiden

Merkmale 16 cm lang; typisch ist die einfarbig gelbe Unterseite; etwas kleiner und kurzschwänziger als die Bachstelze; Kopf schiefergrau mit kurzem weißen Überaugenstreif; Weibchen etwas blasser gefärbt als Männchen. **Vorkommen** Brutvogel auf feuchten Wiesen und Weiden. Zur Zugzeit im Frühjahr und Herbst auf Wiesen und Feldern. **Wissenswertes** Frisst v. a. Insekten. Oft in der Nähe von Weidevieh anzutreffen.

Wiesenpieper

Anthus pratensis (unten links)

> unauffälliger Bodenvogel
> Durchzügler an der Küste

Merkmale 15 cm lang; kleiner, graugrünlicher Bodenvogel; Oberseite mit dunklen Streifen, Unterseite gefleckt, Schwanzaußenkanten weiß. **Vorkommen** Häufiger Brutvogel auf Wiesen, Weiden und Ödland. Zieht im Frühjahr und Herbst in beträchtlicher Anzahl an der Küste durch. **Wissenswertes** Erbeutet Insekten und andere Kleintiere am Boden. Warnt in Nestnähe mit zirpenden Rufen.

Bluthänfling

Acanthis cannabina (unten rechts)

> Männchen im Brutkleid mit leuchtend roter Brust
> in Schwärmen

Merkmale 15 cm lang; Männchen im Brutkleid mit leuchtend roter Brust und rotem Scheitel, im Ruhekleid insgesamt blasser, kein Rot am Kopf; Weibchen stets ohne Rot, streifig und oberseits dunkelbraun. **Vorkommen** Brutvogel in offener Kulturlandschaft, außerhalb der Brutzeit oft in größeren, dicht zusammenhaltenden Schwärmen in offener Landschaft. **Wissenswertes** Ernährt sich von Pflanzensamen sowie von Insekten. Typisch sind die nasalen »gegegeg«-Rufe im Flug.

Seehund

Phoca vitulina (oben)

- jagt Fische
- Jungtiere werden auf Sandbänken geboren

Merkmale Spindelförmige Gestalt, große Augen, Nasenbart, keine Ohrmuscheln; bis 100 kg schwer und 1,5–2 m lang, Weibchen meist etwas kleiner als die Männchen; Gliedmaßen umgeformt zu Schwimmbeinen, hintere ganz ans Ende verlegt; Fell grau bis sandfarben mit dunklen Flecken, sehr dicht, durch Talg völlig wasserdicht. **Vorkommen** Weit verbreitete Küstenbewohner, bevorzugen seichte Gewässer mit viel Sand. Nordsee und westliche Ostsee. **Wissenswertes** Seehunde sind an das Wasser angepasste Säugetiere. Nur zur Geburt und zum Säugen der Jungen müssen sie das Wasser verlassen. Auch zum Ausruhen suchen sie meist Sandbänke auf, auf denen man sie beobachten kann. Seehunde können bis zu 45 Min. unter Wasser bleiben. Sie müssen aber regelmäßig zum Luftholen an die Wasseroberfläche kommen.

Seehunde ernähren sich von Fischen, Muscheln und Krabben. Die Jungtiere werden im Juni auf Sandbänken geboren, können sofort schwimmen und werden etwa alle 3 Std. gesäugt. Nach einem Monat wiegen sie 25 kg und werden selbstständig. Wird die Mutter gestört, werden die jungen, noch nicht allein lebensfähigen Seehunde oft verlassen an der Küste gefunden. Mit lautem Heulen versuchen sie die Mutter zu rufen, daher der Name »Heuler«. Störungen durch Ausflugsdampfer, Wattwanderer und Fluglärm bewirken zudem, dass die Jungen nicht mehr genug Ruhe zum Säugen finden und sich die nötigen Fettreserven für die bevorstehende Selbstständigkeit nicht zulegen können.

Kegelrobbe

Halichoerus grypus (unten)

- kegelförmiger Kopf
- durch Bejagung selten geworden
- steht unter Naturschutz

Merkmale Kräftige Tiere von spindelförmiger Gestalt mit kegelförmigem Kopf; Männchen mit hellen Flecken auf dunklem Fell, Weibchen mit dunklen Flecken auf hellem Fell. Auf größere Entfernung nur schwer von Seehunden zu unterscheiden. Die Jungen haben ein weißes Fell. **Vorkommen** Kegelrobben waren einst an den Küsten des Nordatlantiks weit verbreitet. Heute gehören sie zu den stark gefährdeten Arten und stehen unter Naturschutz. Bei uns gibt es Kegelrobben selten in der Nordsee und als Gäste in der südlichen Ostsee. In der nördlichen Ostsee sind sie noch etwas häufiger. **Wissenswertes** Die Ostsee-Kegelrobbe gilt als eigenständige Unterart. Sie war früher in der ganzen Ostsee verbreitet, wurde aber durch Bejagung in die nördlichsten Teile zurückgedrängt. Inzwischen kommen aber öfter wandernde Kegelrobben an die Küsten Polens und Mecklenburg-Vorpommerns und sind regelmäßige Gäste im Nationalpark Vorpommersche Boddenlandschaft.

Im Winter finden sich Kegelrobben zur Fortpflanzung an den Küsten zu kleinen Kolonien zusammen, die aus durchschnittlich sechs Weibchen und einem Männchen bestehen.

› Bernstein
Dieses fossile, ausgehärtete Harz kann über 100 Millionen Jahre alt sein. Gut erkennbar ist Bernstein an den interessanten Einschlüssen aus kleinen Tieren und Pflanzen.

› Gewöhnliche Gelbflechte
Die Gelbflechte *(Xanthoria parietina)* bildet auf Steinen am Strand oft großflächige, rundliche Lager. Die Art ist weit verbreitet und kommt auch auf Gehölzen im Binnenland vor.

› Blasentang (s. S. 14)
Blasentang ist häufig im Angespül zu finden. An der Luft getrocknet, wird er im Lauf der Zeit schwarz. Er ist einer der wichtigsten Anzeiger für eine Eutrophierung, d. h. Überdüngung, der Ostsee.

› Meerkohl (s. S. 22)
Am im Sommer blühenden Meerkohl kann man im Frühherbst die dekorativen trockenen Fruchtstände finden. Die Art ist jedoch vom Aussterben bedroht und geschützt. Sie darf nicht gesammelt werden.

› Herzmuscheln (s. S. 50)
Diese Muscheln dominieren im Osten Deutschlands das Muschelschill. Obwohl die Muscheln sehr schmackhaft sind, werden sie aufgrund ihrer geringen Größe nicht gegessen.

› Amerikanische Schwertmuscheln (s. S. 52)
Sie sind seit 1978 aus der Nordsee bekannt. Neuerdings findet man sie auch in der Ostsee häufiger. Sie leben wie Sandklaffmuscheln tief im Sediment, können sich anders als diese aber nach Störungen wieder eingraben.

› Wellhornschnecke (s. S. 46)
Wellhornschnecken legen ihre Eier in großen Paketen ab. Von den gelegten Eiern überlebt gerade 1%. Unter günstigen Bedingungen können die Schnecken 10–15 Jahre alt werden.

› Zerfressenes Holzstück (s. S. 54)
Der Schiffsbohrwurm ist eine Muschelart. Ihre kurze und klaffende Schale dient als Bohrorgan. Jährlich richtet der Schiffsbohrwurm in der Ostsee Schäden in Millionenhöhe an.

› Tintenfisch-Schulp
Die innere Schale des Tintenfischs nennt man Schulp. Er enthält gasgefüllte Kammern, die dem Tier Auftrieb geben. Häufig dient der Schulp Käfigvögeln als Wetzstein und Kalziumquelle.

› Donnerkeile
Fossile Schalen von Belemniten – urzeitlichen Tintenfischen – bezeichnet man als Donnerkeile. Im Volksglauben geht ihre Entstehung auf Blitzschlag zurück und sie sollten vor Feuer bei Gewittern schützen.

› Sandhäufchen im Flachwasser (s.S. 56)
Sie sind meist auf den Wattwurm zurückzuführen, der in ca. 30 cm Tiefe im Sediment lebt. Etwa alle 45 Minuten kriecht er durch seine Wohnröhre zur Oberfläche und gibt mehrere Zentimeter Kotschnur ab.

› Kalkröhren auf Algen
Die kreisförmig rechtsgewundenen Röhren des Posthörnchenwurms sind vor allem in der westlichen Ostsee häufig im Angespül auf Blasentang zu finden, seltener direkt an Steinen.

› Schalen der Strandkrabbe (s. S. 60)
Leere Schalen der Strandkrabbe *(Carcinus maenas)* stammen meist von Tieren, die sich häuten, wenn ihr Panzer zu eng wird. Bis ihr neuer Panzer ausgehärtet ist, sind sie eine leichte Beute für Räuber.

› Fossile Seeigel
Von fossilen Seeigeln findet man am Strand meist nur die Feuersteinkerne mit der fünfstrahligen Zeichnung. Im Meer der Kreidezeit lebten mehr als 15 Seeigel-Arten im Ostseeraum.

› Nixentäschchen
Nixentäschchen nennt man die Eier des Kleingefleckten Katzenhais. Seine Verbreitung endet am Kattegatt. Nur bei günstiger Strömung gibt es Nixentäschchen auch an der deutschen Ostsee.

› Eikapseln von Nagelrochen
Die ca. 4 x 6 cm großen Eikapseln des Nagelrochens *(Raja clavata)* haben Schlitze in der Kapselwand, um die Jungen mit frischem Atemwasser zu versorgen. In der Ostsee kommen Nagelrochen im westlichen Teil vor.

Wie bedroht ist die Ostsee?

Die Ostseeküste ist eines der beliebtesten Ferienziele Deutschlands. Trotz hoher Umweltbelastung und erschwertem Wasseraustausch beherbergt sie noch heute eine Vielzahl von Tier- und Pflanzenarten.
Zu Beginn der 1950er-Jahre galt die Ostsee sogar noch als nahezu intakt. Doch die Zerstörung des Lebensraums, die Überfischung, die hohen Nährstoffeinträge und die Einleitung von Giftstoffen machten ihr in zunehmendem Maße zu schaffen. Ausdruck der aktuellen Bedrohung sind die »roten Listen« der gefährdeten Tiere, Pflanzen und Lebensräume sowie die immer lauter werdenden Klagen über den dramatischen Rückgang der Fischbestände.
Zum Glück ist Naturschutz längst keine nationale Angelegenheit mehr. Vor dem Hintergrund wachsender Umweltprobleme in der zweiten Hälfte des letzten Jahrhunderts ist die Zusammenarbeit der Anrainerstaaten intensiver geworden. Zu Beginn der 1970er-Jahre befand sich die Ostsee in einem so kritischen Zustand, dass die Welternährungsorganisation FAO sie als das am stärksten verschmutzte Gewässer der Welt bezeichnete. 10% des Meeresbodens galten als biologisch tot und der Schadstoffgehalt in Fischen war so hoch, dass erstmals Fangverbote ausgesprochen werden mussten. Zu viele Nährstoffe, giftige Schwermetalle und chlorierte Kohlenwasserstoffe strömten über Flüsse, Abwässer, Industrieanlagen und Landwirtschaft in die Ostsee oder gelangten aus der Luft in das Binnenmeer.
Im Jahr 1988 wurde von den Anrainerstaaten eine Halbierung der Stickstoff- und Phosphor-Einträge bis 1995 beschlossen. Tatsächlich wurde dieses Ziel zehn Jahre später durch den Bau zahlreicher Kläranlagen erreicht – allerdings nur für das Phosphat. Der Stickstoff-Eintrag durch kommunale Einleiter wurde zwar um etwa 80% gesenkt, aber die Hauptquelle – der Eintrag durch die Landwirtschaft – ist weiterhin wesentlich bedeutender.

Schutzmaßnahmen bewahren die Naturschönheiten der Ostsee.

Durch interne Maßnahmen lässt sich die Ostsee kaum sanieren, wenn nicht von vornherein die Einträge über Düngemittel und Gülle gesenkt werden. Hier gibt es allerdings Lichtblicke: Neue Konzepte in der Düngemittelberatung geben Anlass zur Hoffnung, dass der Aufwärtstrend des Patienten Ostsee anhält. Gemeinsam mit der erfolgreichen Umsetzung der bereits 1992 beschlossenen so genannten Fauna-Flora-Habitat-Richtlinie (FFH) der EU-Umweltminister sind dann wichtige Schritte zur Erhaltung der Ostsee eingeleitet. Es ist sicherlich noch ein weiter steiniger und kurvenreicher Weg bis die Ostsee annähernd wieder so klar ist wie einst. Denn während sich unsereins bei einem Blick ins Wasser kaum vorstellen mag, welch reges Treiben von Strandkrabbe, Sandgrundel und Schwimmgarnele am Meeresgrund herrscht, war eine gute Sicht für die Aalstecher sowie die Stein- und Seegrasfischer des letzten Jahrhunderts noch eine unabdingbare Voraussetzung, um ihrem Handwerk nachgehen zu können.
Doch auch ein Blick zum Himmel zeigt, dass Naturschutzmaßnahmen rund um die Ostsee greifen: Noch gibt es an einigen Standorten den Fisch- und Seeadler. Damit dies auch so bleibt, setzen sich etliche Umwelt-Organisationen und die entsprechenden Ministerien und Ämter ein.
Auch der Tourismus hat sich gewandelt. Längst steht beim Ostsee-Urlaub der Badespaß nicht mehr allein im Vordergrund, sondern Wellness, Walking und Radfahren nehmen ständig an Beliebtheit zu. Natur erleben und mit der Natur zu leben ist das größte Kapital, das die Länder rund um die Ostsee zu bieten haben. Vor allem die Natur und der damit verbundene Erholungswert locken jährlich über 20 Millionen Übernachtungsgäste hierher, und dies schon lange nicht nur allein in den Sommermonaten. Ein Strand-Spaziergang im Herbststurm hat für den Urlauber inzwischen genauso am Reiz gewonnen wie das Erleben des Wandels der Jahreszeiten an der Küste und der Vogelzug.
So geht es nicht nur darum, vorhandene Lebensräume zu erhalten, sondern zerstörte auch wieder herzustellen. Der Erfolg eines integrierten Küstenzonenmanagements unter Berücksichtigung sämtlicher Interessensgruppen wird darüber entscheiden, ob der nachhaltige Tourismus als wichtigste Wirtschaftquelle in Schleswig-Holstein und Mecklenburg-Vorpommern auch in der Zukunft noch das Zugpferd Nummer eins für die Regionen sein kann.

Fangfrischer Fisch – wie geht es weiter?

Was fangen die Fischer, wenn die Meere endgültig leer gefischt sind? Denn in fast allen Bereichen der Ostsee wird intensiv gefischt. Bereits mehr als die Hälfte der kommerziell genutzten Fischarten gelten als überfischt. Heutzutage kennt kaum noch jemand Maifisch, Finte und Stör aus der Ostsee. Der Dorsch (oder Kabeljau) gehört zusammen mit Hering, Sprotte und verschiedenen Plattfischen zu den wichtigsten Zielarten der Fischer.
In der Ostsee gibt es zwei getrennte Dorschbestände, eine Population im Westen, eine andere im Osten. In den 1980er-Jahren wurden insgesamt bis

zu 450 000 Tonnen Dorsch jährlich gefangen, ein Großteil davon im östlichen Bereich. Dieser Bestand gilt heute als akut gefährdet und ist an einem historischen Tief angelangt. Nur die Erhaltung und Erholung der Fischbestände kann die Existenz der Fischereiflotten langfristig sichern.

Malerisch: das Rippel-Sandwatt auf der dänischen Insel Aeso

Neue Arten – keine Seltenheit

Eine Bedrohung noch unbekannten Ausmaßes ist die hohe Anzahl an gebietsfremden Arten, die im Laufe des letzten Jahrhunderts in die Ostsee eingeschleppt worden sind. Über 100 solcher Arten sind bislang bekannt. Wie sie sich im Ökosystem weiterentwickeln werden und ob sie langfristig zu einer Bereicherung oder einer Verdrängung der einheimischen Tier- und Pflanzenwelt führen, ist unbekannt. Mit hoher Wahrscheinlichkeit werden künftig noch weitere Arten hinzukommen, die entweder direkt vom Menschen oder versehentlich als Spore oder Larve über das Ballastwasser von Schiffen in die Ostsee gelangen. Niemand kann ausschließen, dass auch Arten darunter sein werden, die aufgrund ihrer Giftigkeit oder Massenentwicklung starken ökonomischen Schaden anrichten können. Ob man sich überhaupt vor der Einwanderung dieser so genannten »alien species« schützen kann, wird momentan heftig diskutiert.

Schlechte, aber auch gute Nachrichten

Im Jahr 2000 gelangten etwa 660 000 Tonnen Stickstoff sowie 28 000 Tonnen Phosphor über Flüsse, vor allem über Oder, Nemunas, Vistula und Neva, in die Ostsee. Diese gigantische Nährstoffflut hat dazu geführt, dass die pflanzliche Produktion um 30–70% angestiegen ist. Davon profitieren vor allem winzige Algen, die im Wasser schweben, das so genannte Phytoplankton. Je nach Artenzusammensetzung verfärben sie das Wasser braun-grün oder rötlich und lassen nur noch wenig Licht in tiefere Wasserschichten dringen. Die zunehmende Eintrübung hat in der Vergangenheit dazu geführt, dass sich die Artenzusammensetzung der großen Braun- und Rotal-

gen verändert hat. Heute kommen viele Arten nicht mehr in ihren ehemaligen Verbreitungstiefen vor, weil zu wenig Licht durch das vom Plankton eingetrübte Wasser dringt. Bekannteste Beispiele sind der Blasentang *Fucus vesiculosus* und das Seegras *Zostera marina*, die heute in Tiefen unterhalb von 6 m kaum noch siedeln, während sie früher bis in 10 m Tiefe vorkamen. Ein dramatischer Effekt tritt auf, wenn große Mengen absterbendes Phytoplankton absinken und von Bakterien unter Sauerstoffverbrauch abgebaut werden. Am Boden sind dann häufig ganze Teppiche von weißen Schwefelbakterien zu sehen – ein sicherer Anhaltspunkt dafür, dass im Sediment kein Sauerstoff mehr vorhanden ist. Das bedeutet den sicheren Tod für alle Bodenlebewesen, die gar nicht oder nicht schnell genug flüchten können. In den Schlagzeilen der Zeitungen heißt es dann treffend, dass die Ostsee »erstickt«.
Die genannten Beispiele geben aber nur einen kleinen Einblick in die Gefährdung der Ostsee. Dennoch gibt es auch viele positive Entwicklungstendenzen. So sind beispielsweise die Konzentrationen von Umweltgiften wie DDT, die unter anderem die Vogelpopulationen stark geschädigt haben, zurückgegangen. Die Populationen von Seehunden und Kegelrobben steigen in letzter Zeit wieder an und mit der Verabschiedung der europäischen Wasserrahmenrichtlinie ist ein Instrumentarium geschaffen worden, das gerade im küstennahen Bereich auf eine Verbesserung der Wasserqualität abzielt.

Wald, Sand und stille Strände machen den Reiz der Ostseeküste aus – wie hier bei Gnitz auf Usedom.

Register

Zweiteilige deutsche Namen werden nur einmal, und zwar mit dem vorangestellten Gattungsnamen aufgeführt.

Bildnachweis

Berg, Christian 19ur, 29o, 29M, 31ol, 33u, 35ol, 35or
Grunewald, Ralf 11, 35ur, 79o, 79Mr, 113o, 118
Hecker, Frank 2/3, 7, 21or, 23ol, 79Ml, 79u, 120, 121
Krumbeck, Hartwig 41u
Kube, Jan 89Mr, 89u, 95u, 107u, 109o, 109M, 111ur
Reise, Anneken 35ul
Schaef, Mathias 81o, 81 Mr, 81u, 83o, 85or, 85u, 87o, 87M, 87u, 91Mr, 91u, 93o, 95o, 95M, 97u, 99ol, 99Ml, 99Mr, 99u, 101o, 101M, 101ul, 101ur, 103o, 103M, 103ul, 105o, 105Ml, 105u, 107o, 107Ml, 107Mr, 109u, 111o, 111M
Schories, Dirk 6, 9, 10, 13ol, 13or, 13M, 13u, 15o, 15M, 15ul , 15ur, 17o, 17Ml, 17Mr, 17u, 19o, 19M, 19ul, 21ol, 21ul, 21ur, 23or, 23M, 23u, 25ol, 25or, 25M, 25u, 27o, 27M, 27ul, 27ur, 29ul, 29ur, 31or, 31ul, 31ur, 33ol, 33or, 33M, 37o, 37M, 37ul, 37ur, 39o, 39M, 39ul, 39ur, 41o, 43o, 43M, 43ul, 43ur, 45ol, 45or, 45M, 45u, 47o, 47M, 47ul, 47ur, 49o, 49M, 49ul, 49ur, 51Ml, 51Mr, 51u, 53o, 53u, 55o, 55M, 55u, 57ol, 57or, 57M, 57u, 59o, 59Ml, 59Mr, 59u, 61o, 61M, 61u, 63o, 63M, 63ul, 63ur, 65o, 65M, 65u, 67o, 67M, 67ul, 67ur, 69ol, 69or, 69u, 71ol, 71or, 71M, 71u, 73o, 73Mo, 73Mu, 73u, 75ol, 75or, 75M, 75u, 77o, 77Mo, 77Mu, 77u, 114ol, 114or, 114ul, 114ur, 115ol, 115ur, 116or, 116ur, 117ol, 117or
Wiese, Vollrath 113u
Wilhelmsen, Ute 51o, 53M, 115or, 115ul, 116ol, 116ul, 117ul, 117ur
Wordell, Volker 81Ml, 83M, 83ul, 83ur, 85ol, 85M, 89o, 89Ml, 91o, 91Ml, 93M, 93u, 97o, 97M, 99or, 103ur, 105Mr, 111ul

Impressum

Mit 216 Farbfotos: 124 von Dirk Schories, 92 von weiteren Fotografen; 7 farbige Symbole von Wolfgang Lang; 1 Karte von Wolfgang Lang

Umschlaggestaltung von eStudio Calamar unter Verwendung von 4 Farbfotos: 2 von Frank Hecker (Weißdüne, Seestern), 1 von Dirk Schories (Gänsefingerkraut), 1 von Mathias Schaef (Flussseeschwalbe)

Das Aufmacherfoto auf der Doppelseite 2/3 von Frank Hecker zeigt eine Weißdüne.

Bibliografische Information der Deutschen Bibliothek
Die Deutsche Bibliothek verzeichnet diese Publikation in der Deutschen Nationalbibliografie; detaillierte bibliografische Daten sind im Internet über http://dnb.ddb.de abrufbar.

KOSMOS Postfach 10 60 11
D-70049 Stuttgart
TELEFON +49 (0)711-2191-0
FAX +49 (0)711-2191-422
WEB www.kosmos.de
E-MAIL info@kosmos.de

Gedruckt auf chlorfrei gebleichtem Papier

ISBN-13: 978-3-440-10224-4
ISBN-10: 3-440-10224-6
Projektleitung: Dr. Stefan Raps
Lektorat, Bildauswahl, Satz und Layout:
Barbara Kiesewetter, Redaktionsbüro, München
Produktion: Johannes Geyer
Grundlayout: eStudio Calamar
Printed in Slovak Republic / Imprimé en Slovaquie

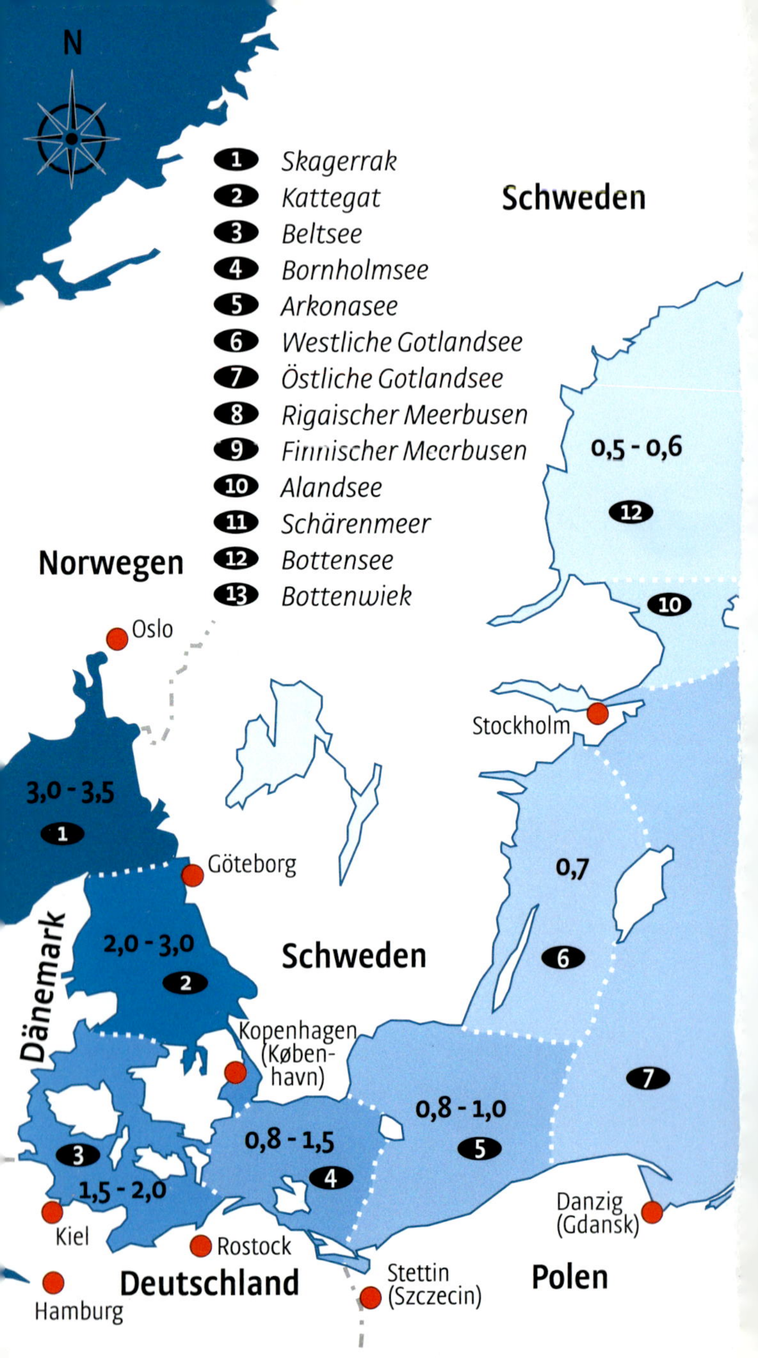
N
1 Skagerrak
2 Kattegat
3 Beltsee
4 Bornholmsee
5 Arkonasee
6 Westliche Gotlandsee
7 Östliche Gotlandsee
8 Rigaischer Meerbusen
9 Finnischer Meerbusen
10 Alandsee
11 Schärenmeer
12 Bottensee
13 Bottenwiek
Schweden
0,5 - 0,6
12
Norwegen
10
Oslo
Stockholm
3,0 - 3,5
1
Göteborg
0,7
Dänemark
2,0 - 3,0
2
Schweden
6
Kopenhagen (København)
7
0,8 - 1,0
0,8 - 1,5
5
3
4
1,5 - 2,0
Danzig (Gdansk)
Kiel
Rostock
Stettin (Szczecin)
Deutschland
Polen
Hamburg